BAUEN FÜR DIE **ZUKUNFT**

© 2014 Verlag Georg D.W. Callwey GmbH & Co. KG
Streitfeldstraße 35
81673 München
www.callwey.de
E-Mail: buch@callwey.de

Die Deutsche Nationalbibliothek verzeichnet diese Publikation in der Deutschen Nationalbibliografie; detaillierte bibliografische Daten sind im Internet über http://dnb.ddb.de abrufbar.

ISBN 978-3-7667-2104-4

Das Werk einschließlich aller seiner Teile ist urheberrechtlich geschützt. Jede Verwertung außerhalb der engen Grenzen des Urheberrechtsgesetzes ist ohne Zustimmung des Verlags unzulässig und strafbar. Das gilt insbesondere für Vervielfältigungen, Übersetzungen, Mikroverfilmungen und die Einspeicherung und Verarbeitung in elektronischen Systemen.

Dieses Buch ist in Zusammenarbeit mit

Das Haus

erschienen.

Autor: Louis Saul
Projektleitung: Bettina Springer
Layout und Satz: Gramisci Editorialdesign, Sabine Skrobek
Druck und Bindung: Offizin Andersen Nexö Leipzig GmbH, Zwenkau

Printed in Germany 2014

BAUEN FÜR DIE ZUKUNFT

Louis Saul

Was zu beachten ist, wenn man heute
ein Haus baut oder eine Wohnung kauft

EIN LEITFADEN FÜR BAUHERREN UND ALLE, DIE ES WERDEN WOLLEN

Callwey

INHALT

VORWORT 8
EINLEITUNG 14

▶ **01** WEGBEREITER ZUKÜNFTIGEN BAUENS —— FREI OTTO | 22
PROJEKT: Das Regensburger Dreieckshaus | 26

ENERGIE & MATERIAL

▶ **02** KLIMAGERECHT BAUEN —— MATTHIAS SCHULER | 30
PROJEKT: Rooftop – ein Haus mit Flügeln | 38

▶ **03** ENERGIE —— MANFRED HEGGER | 40
PROJEKT: Das Licht-Aktiv-Haus | 50

▶ **04** BAUSTOFF HOLZ —— STEFAN WINTER | 52
PROJEKT: Haus für Gudrun | 62

▶ **05** NEUE MATERIALIEN & TECHNIKEN —— STEFAN BEHLING | 64
PROJEKT: BIQ – Das Algenhaus | 72

BAUEN & TECHNIK

▶ **06** COMPUTER BEIM BAU UND IM HAUS SELBST —— ROLAND BLACH | 76
PROJEKT: Haus in der Cave | 82

▶ **07** DAS AUTOMATISCHE HAUS —— LOTHAR FREY | 84
PROJEKT: Weiße Villa | 92

▶ **08** FERTIGHÄUSER —— JOHANNES SCHWÖRER | 94
PROJEKT: Aktivhaus B10 | 102

INNEN & AUSSEN

▶ **09**   WOHNRÄUME DER ZUKUNFT —— KONSTANTIN GRCIC   106
         PROJEKT: K.I.S.S. – Das 3-Typen-Wohnhaus   114

▶ **10**   LICHT —— CHRISTIAN BARTENBACH   116
         PROJEKT: Haus am Venusgarten   126

▶ **11**   NATUR AM HAUS —— NICOLE PFOSER   128
         PROJEKT: La Maison-vague   136

MOBIL & GEMEINSAM

▶ **12**   MOBILITÄT UND WOHNEN —— WILHELM KLAUSER   140
         PROJEKT: Point.One S   150

▶ **13**   NEUE FORMEN DES WOHNENS —— KIRSTEN MENSCH   152
         PROJEKT: Wagnis 3   160

▶ **14**   WINZIG, WITZIG, WENDIG —— RENZO PIANO   162
         PROJEKT: Casa Transportable – Die Box zum Wohnen   170

▶ **15**   KREATIVITÄT & BÜRGERBETEILIGUNG —— WINY MAAS   172
         PROJEKT: Didden Village Rotterdam   182

LITERATUR & LINKS 184
BILDNACHWEIS 190

Die Zukunft ist offen, aber sie hat Wurzeln in der Vergangenheit: hölzerner Anbau an die Residence Alma in Südtirol von Plasmastudio.

BAUEN FÜR DIE ZUKUNFT

Gaby Miketta, seit 2009 Chefredakteurin von *Das Haus* – Europas größter Bau- und Wohnzeitschrift, wagt einen Blick auf die vergangenen 65 Jahre und die kommenden Jahrzehnte.

Die Zukunft hat bereits lange begonnen. Wir nennen das Innovation. Wir wollen komfortabler wohnen, kostengünstiger, energieunabhängig und werterhaltend. Denn die Entwicklung der Mietpreise – pro Quadratmeter stiegen sie von 2007 bis 2013 mancherorts um 30 Prozent – belegt: Es macht Sinn, sein Geld in ein eigenes Zukunftshaus zu investieren. In München z.B. entfallen etwa 25 Prozent des Pro-Kopf-Einkommens auf das Wohnen. Die Kaufpreise von Eigentumswohnungen stiegen von 2007 bis 2012 in der bayerischen Metropole gar um mehr als 40 Prozent. Etwa 45 Prozent der Deutschen wohnen im Eigentum.
In Italien oder auch Spanien sind es rund 80 Prozent. Die Tendenz ist auch bei uns steigend. Diesen Wert gilt es, wenn möglich, sicher für die Zukunft zu erhalten. Aber wie?

Die Geschichte europäischer Baukunst ist ein stetiger Aufstieg zu einem besseren Lebens- und Wohnstil: von der Höhlenwohnung, Wohngrube, Reisighütte zu Palästen, Tempeln und Herrenhäusern mit Trink- und Abwassersystem in der Antike. Der einfache Lehmziegelbau in Italien, später im Mittelalter der Markusdom in Venedig, in der Spätrenaissance das Heidelberger Schloss, die Art-déco-Phase, als das Chrysler Building in New York gebaut wurde. Architekten haben zu jeder Zeit Grandioses geschaffen. Und viele dieser Bauten bewundern wir bis heute. Die klassische Moderne begann in den 1920er Jahren. Mit dem Bauhaus etablierte sich schließlich die Architektur der neuen Sachlichkeit: Walter Gropius, Mies van der Rohe, Le Corbusier. Und schon bald darauf erschien im August 1949 die erste Ausgabe der Zeitschrift *Das Haus,* in Zusammenarbeit mit den Landesbausparkassen. Die

Die 50er Jahre

Ludwig Erhard beschwor 1957 den „Wohlstand für alle". Der Bauboom führte zu 5 Millionen neuen Wohnungen für die Bewohner des Wirtschaftswunderlands. // Im Eigenheimbereich wurde klein und kompakt gebaut und natürlich meist preiswert ohne Schnörkel, gern auch mit einem Nutzgarten für Gemüse und Obst. Die Einbauküche mit praktischen Resopal-Oberflächen und die Durchreiche zum Esszimmer sind der große Wunschtraum der Hausfrau, ebenso nagelneue Elektrogeräte, Bügeleisen und ein Mixer. Ein Esstisch mit Eckbank gehört zur Grundausstattung. Der Nierentisch belebt das Wohnzimmer. Aber auch das repräsentative Landhaus mit Loggia, Wintergarten und Teich erfreut sich wachsender Beliebtheit. Ein Dackel bewacht den neuen Luxus. // Den Mindestwärmeschutz garantiert ab 1952 die DIN 4108, und Thermostatventile regulieren die Zentralheizung automatisch und aufs Grad genau. // Günter Grass schreibt „Die Blechtrommel", die 17-jährige Romy Schneider verwandelt sich in Sissi, Caterina Valente singt „Ganz Paris träumt von der Liebe". Chris Howland klettert mit seinem „Fraulein" 1958 in die Charts, und die Jukebox spielt Rock'n'Roll von Bill Haley und Elvis Presley. Am 4. Juli 1954 gewinnt die deutsche Nationalelf in Bern die Fußball-WM gegen den haushohen Favoriten Ungarn.

Repräsentatives Landhaus mit Terrasse und Loggia.

Die 60er Jahre

Die ersten Reihenhäuser werden günstig zum Festpreis angeboten. Die kleine Werkstatt im Keller wie der Partykeller gehören zum Prestige – Chianti inklusive. Mit der Hollywoodschaukel holen sich die Deutschen ein wenig Glamour und den „American Way of Life" auf die Terrasse. Ein Bungalow mit Kaminturm und Pool aus Betonfertigteilen komplettieren den Chic der 60er Jahre. *Das Haus* berichtet über die „Rolu-Normenbaukasten-Bauweise". Bauherren entdecken die Vorzüge von Fertighäusern, und die Branche wächst in ganz Deutschland. 1963 nehmen Quelle, Karstadt und Kaufhof Fertighäuser in ihr Programm auf. // Braun- und Olivtöne dominieren die Inneneinrichtung. Lang gestreckte Wandmöbel aus dunklem Holz sind en vogue. // 1969 wird der Wärmeschutz durch die DIN 4108 novelliert. Dämmschichten aus Hartschaumplatten mit Tausenden kleinen Luftkämmerchen sollen die Wärme besser im Haus halten. // Die Beatles starten ihre sagenhafte Karriere, und die Rolling Stones begeistern mit ihrer ersten Deutschland-Tournee 1965 in Münster. Die Deutschen versammeln sich vor ihren Fernsehern und schauen gebannt Winnetou-Filme und die Straßenfeger-Krimis mit Inspector Yates, gespielt von Heinz Drache. Die Mainzelmännchen beginnen ihren Siegeszug 1963 im ZDF. Und im Kino gelingt Uschi Glas 1968 mit „Zur Sache, Schätzchen" der Durchbruch. // Juri Gagarin fliegt 1961 als erster Mensch ins All, 1969 betritt Neil Armstrong als Erster den Mond. 1962 spaltet die „Spiegel-Affäre" die Nation und die Kulturrevolution radikalisiert die Jugend.

Bungalow mit Kaminturm und Pool.

Die 70er Jahre

Man baut modern: Kunststoffhäuser entstehen, große Fiberglaselemente reihen sich aneinander. Riesige Metall-Regale dienen als Tragwerk, Glasfassaden öffnen den Blick, Wohnparks mit Autoverbot entstehen. Ansonsten wird mit Beton gebaut, Stahl und Glas verbaut. Umlaufende Balkone gelten als modern, ebenso der Terrassenbau. // Die 1. Wärmeschutzverordnung tritt 1977 in Kraft. // Die Hobby-Handwerker stürmen die ersten Baumärkte. Mit den Trimm-dich-Pfaden will der Deutsche Sportbund dem Wohlstandsspeck zu Leibe rücken. // Sachlichkeit war gestern, jetzt bestimmen bunte psychedelische Muster das Ambiente: Wohnlandschaften, Flokati-Teppiche, pilzförmige Leuchten mit orange-farbenem Licht. // Als neue Wohnform macht die Wohngemeinschaft, kurz WG, Karriere. Möbel aus Apfelsinenkisten und Räucherstäbchen sind ein Muss. // Boney M. mit „Daddy Cool", Abba mit „Waterloo" – das sind die Hits des Disco-Fiebers. 1977 prägt der Film „Saturday Night Fever" mit John Travolta das Disco-Lebensgefühl. // Terror, Ölkrise, Smogalarm, die Grenzen des Wachstums bestimmen dieses Jahrzehnt. Das Attentat während der Olympischen Spiele 1972 und der RAF-Terror traumatisieren Deutschland.

Das Kunststoff-Haus von Modellbaumeister Wolfgang Feierbach.

Die 80er Jahre

Holz – das ist das neue Lieblingsmaterial – innen wie außen. Die heimelige Wohnküche im Landhausstil ist der große Wunschtraum. Stöbern beim Trödler wird gesellschaftsfähig und alte Bauernschränke abzubeizen ein neues Hobby. Öko, Bio und alternative Vernunft kennzeichnen die Bauweise. 1985 entsteht in Kassel eine der ersten Öko-Siedlungen mit Grasdach. Natürliche und heimische Materialien sind im Trend. // Dieses Jahrzehnt ist ein Mix aus ganz unterschiedlichen Strömungen: 1986 erschüttert der Super-Gau im Kernkraftwerk Tschernobyl die Welt, die Grünen kommen in den Bundestag, erste Bio-Läden eröffnen. Anti-AKW-Demos und die Friedensbewegung bestimmen die Gesellschaft – auf der anderen Seite sind Industrie-Chic mit Neonröhren und Kunstoffböden sehr beliebt. // Die 1. Bundes-Immissionsschutzverordnung soll 1988 das Heizen sauberer machen und die Umwelt schonen. // Ab 1981 wettet Frank Elstner, dass … 1982 kommt der erste CD-Spieler auf den Markt, und Nena singt „99 Luftballons". Boris Becker gewinnt im Juli 1985 spektakulär in Wimbledon. // Die Aerobic-Welle rollt an, und die Turnhallen heißen jetzt „Gym".

Das Holz-Doppelhaus mit gemauertem Kern.

Deutschen bauten sich ihren Traum vom Eigenheim – und der sah zunächst nicht gerade nach Bauhaus aus. Doch im Laufe der folgenden 65 Jahre, die die Zeitschrift *Das Haus* ihre Leser beim Verwirklichen ihres Eigenheims begleitet, wandelte sich das erträumte Siedlungshäuschen des Eigenheimbesitzers nun zum ökologischen High-Tech-Zuhause.

Zukunft ist ein relativer Begriff. Wir verstehen darunter das, was man noch nicht kennt. Modern ist hingegen das, was gerade neu ist und von dem wir denken, es werde die Zukunft prägen. 1959 bereits berichtete *Das Haus* über die Zukunfts-Architektur. Häuser sahen aus wie Kugeln oder Pyramiden, 1968 waren es die avantgardistischen Terrassenhäuser, die ersten „Häuser mit Sonnenheizung" entstanden sogar schon 1962, und 1987 das erste deutsche Anti-Allergie-Haus. 1994 suchten wir die ersten Ökohäuser, seit Ende der 90er Jahre geht es eigentlich permanent ums Energiesparen.

Der erste Impuls für ein eigenes Zuhause war sicher immer archaisch: Schutz vor Wetter und Feinden sicherte das Überleben. Ein eigenes Haus befriedigt das Sicherheitsbedürfnis unserer Neandertal-Gene. Zudem ist eine Immobilie immer auch ein gesellschaftliches Statussymbol gewesen. Das psychologische Moment, der Stolz, etwas geschaffen zu haben, spielt eine ebenso große Rolle. Heute wollen wir außerdem Komfort, einen Rückzugsort, der uns Erholung bietet: ein Wohnbad, eine Wohnküche und kluge Einbaumöbel, die wenig dekorative Objekte wie den Fernseher unsichtbar werden lassen. Und: Wir schaffen Werte. Das ist genau der Zukunftsaspekt, der immer bedeutsamer wird. Wir wollen Land und Hof an unsere Nachkommen weitergeben, falls wir das Vermögen nicht zur Sicherung im Alter benötigen. Wer etwas vererben will, achtet auf Werthaltigkeit, zumal in unsicheren Zeiten. Die nächste Generation soll profitieren. Mehrere hunderttausend Immobilien werden jedes Jahr in Deutschland vererbt. Und damit ist das Bauen in der Zukunft angekommen – und viel mehr als ein Dach über dem Kopf im Hier und Jetzt. Genau an diesem Punkt will dieses Buch zum 65jährigen Bestehen der Zeitschrift *Das Haus* zukunftweisende Inspirationen bieten. Natürlich existierten in der Geschichte der Menschheit immer Kräfte, die die Bautechnik und unser wohnliches Gefühl beeinflussten, aber dennoch scheinen sich im 21. Jahrhundert diese Faktoren zu bündeln. Treten wir in eine neue Phase des Bauens ein? Seit einigen Jahren, fast Jahrzehnten, formieren sich fünf starke Impulsgeber, und sie werden in Zukunft die Architektur und das Wohnen massiv prägen:

1. Steigende Energiekosten & neue Mobilität
Heizen, Warmwasser und Strom machen einen immer höheren Anteil der Wohnkosten aus. Deshalb erzeugten in den vergangenen Jahren immer mehr Deutsche ihren eigenen kostengünstigeren Strom. Oder der Eigenheimbesitzer betankt damit sein Elektroauto. Inwieweit neue Gesetzesvorgaben diesen Prozess stören, bleibt abzuwarten. Drei Viertel aller Wohnungen wurden vor 1975 gebaut, der Sanierungsbedarf in Deutschland ist riesig. Dennoch soll der Wärmebedarf von Gebäuden bis 2020 um 20 Prozent sinken. Das ist politisch und gesellschaftlich gewollt.

2. Klimawandel & Ressourcenschonung
Treibhauseffekt, Klimaerwärmung, zunehmende Naturkatastrophen – welches Szenario wie in welchem Zeitraum eintreffen wird, diskutieren Wissenschaftler weltweit. Der deutsche Klimaforscher Prof. Mojib Latif erwartet trockenere Sommer, regionale Überschwemmungen, milde Winder, steigende Meeresspiegel, und all das hat Auswirkungen darauf, wie wir in Zukunft bauen werden. Ein komplett saniertes Einfamilienhaus stößt z.B. durchschnittlich 6 Tonnen

weniger CO_2 aus. Nach Schätzungen verbraucht die Baubranche in Europa fast 50 Prozent aller Rohstoffe, die dann oft für den Kreislauf verloren sind, da die bestehenden Recyclingverfahren sehr ineffizient sind. Besser wäre es, bereits beim Bau zu bedenken, wie Rohstoffe wiederverwendet werden können, wenn der Lebenszyklus eines Hauses endet. Es soll möglichst wenig Abfall entstehen, und vor allem nützliche Rohstoffe müssen wiederverwertet werden. Das steigert schon zu Lebzeiten den Wert des Hauses.

3. Materialinnovation & Computersteuerung
Neu entwickelte Materialien, Beschichtungen und Nanopartikel-Veredelungen ermöglichen, dass Wände unsere Wohnraum- wie Außenluft von Schadstoffen befreien. Ein Beispiel: die Smog Eating Facade. Nanopartikel aus Titanoxid auf Beton helfen, Farbschmierereien auf Wänden zu entfernen. Risse in Beton könnten bald mithilfe von Bakterien von selbst heilen. Pigmente in Dachsteinen reflektieren Infrarotstrahlen und kühlen damit die Dachgeschosswohnung. Hausdünne Photovoltaikfolien auf Außenwänden setzen neue ästhetische Akzente bei der Energiegewinnung mit der Fassade. Laserscanning und computergesteuerte Vermessungen sind auf 0,1 Millimeter genau möglich, ebenso wie neue Frästechniken für Holz.

4. Digitale Revolution & Smart Home
Unser Leben und Arbeiten ist digital, so auch unser Zuhause. Wann wir Strom verbrauchen sollten, die Rollläden schließen, die Heizung regulieren und vieles mehr, wird heute über das Handy und eine App gesteuert werden. Die über ein WLAN-Netz einfach zu steuernde Haustechnik ermöglicht eine höhere Stufe von Wohnkomfort und individueller Nutzung.

5. Soziale Städteplanung & Wohnformen
Arm und Reich, Alt und Jung, Singles und Familien mit Kindern, sie alle leben gemeinsam in einer Stadt. Sollten sie! Aber auffallend häufig sehen Städteplaner und Soziologen eine Segregation der Bevölkerung in Form von Quartiersbildung. Wie baut man in Zukunft soziale Städte? Wie sollen alte Stadtviertel neu belebt und neue geplant werden? Welche Formen von Wohnungen und Gemeinschaftsplätzen und wie viel Grün sind dafür vonnöten? Das Haus, das wir bauen, gestaltet auch unsere soziale Zukunft. Seit einigen Jahren schließen sich vor allem in boomenden Städten immer häufiger Menschen zusammen, um gemeinsam ein Haus oder sogar eine Häusergruppe zu bauen. Diese neuen Formen der Gemeinschaft bestimmen ebenso unser Bauen der Zukunft.

Im 21. Jahrhundert beginnt die Vernetzung all dieser zukunftprägenden Kräfte. Damit wird eine neue Architektur entstehen, vielleicht nicht unbedingt optisch, für jeden von der anderen Straßenseite aus sichtbar, aber in Planung und Konstruktion, in Vernetzung und technischer Handhabung.

Denn eigentlich „hat sich seit der Antike noch gar nicht so viel verändert", resümiert der Archäologe Prof. Raimund Wünsche, ein ausgewiesener Experte für die frühen Epochen der Architektur. Allerdings wollen wir anders wohnen als vor 2500 Jahren: Allein von 1998 bis 2013 benötigten die Deutschen im Schnitt 6 Quadratmeter mehr pro Kopf. Die durchschnittliche Quadratmeterzahl stieg von 39 auf 45 Quadratmeter. Dieser Raumbedarf frisst oftmals die Energieeinsparungen, die durch kluge Planung, Materialien und Technik erreicht werden, wieder auf. Wir müssen also immer klüger bauen. Dabei wollen wir Ihnen, den Bauherren, helfen.

Die 90er Jahre

Man baut flexibel, da sich Lebensumstände und Lebensstile immer schneller ändern. Da müssen Eigenheime mithalten können. Es beginnt der Cocooning-Trend: Wir wollen es uns zu Hause gemütlich machen und regenerieren. // Die Fertighausbranche entwickelt sich zum Vorreiter des energieeffizienten, innovativen Bauens. Niedrigenergiehäuser werden zum Normprogramm. Parallel zu den technischen Finessen werden Fertighäuser immer individueller planbar. Raumaufteilung, Grundriss – alles wird frei wählbar. // Der Gesetzgeber verordnet Sparsamkeit. Er startet das 1000-Dächer-Programm für Solarenergie. Bereits 1991 entsteht in Darmstadt das erste Passivhaus Deutschlands, in dem eine Lüftungsanlage die klassische Heizung ersetzt. Regenerative Brennstoffe wie Holz-Pellets sollen uns von Öl und Gas unabhängiger machen. Da Baugrund immer teurer wird, entstehen kreative Konzepte, auf schmalem Grund zu bauen oder in der Reihe. Diese kompakte Hausform ist ein gutes Energiesparkonzept, da weniger Heizwärme verloren geht. // 1993 wird das World Wide Web allgemein freigegeben. 1996 kommt das erste geklonte Säugetier auf die Welt – das Schaf Dolly. Gameboy und Tamagotchis begeistern die Jugend.

In Darmstadt entsteht 1991 das erste Passivhaus Deutschlands.

2000er Jahre

Die gemütliche Wohnküche wird zum Treffpunkt der ganzen Familie. Edelstahl, Holz und innovative Kunststoffe dominieren. // Retro-Touch, Shabby Chic und Design-Klassiker begeistern uns. // Begrünte Fassaden, grüne Dächer – alles soll naturnah und natürlich sein. Die zubetonierte Landschaft zu entsiegeln, ist vielen ein Anliegen. So entsteht unter Umständen wertvoller Wohnraum, vor allem auch durch Dachausbau und Anbau. Architekten entwickeln viele Lösungen, um klein, flexibel und sogar mobil zu bauen. Diese Erwartungshaltung entsteht in einer immer mobileren Gesellschaft. Schmale Grundstücke und auch ungewöhnliche Zuschnitte erfordern neue architektonische Ansätze – sehr kreativ. Innovative Häuser allein aus recyceltem Material entstehen. // Die Wärmeschutzverordnung wird 2002 durch die Energie-Einsparverordnung (EnEV) ersetzt, die kontinuierlich strengere Maßstäbe anlegt. // Die Terroranschläge am 11. September 2001 verändern die Welt: Krieg in Afghanistan, Krieg im Irak, die Immobilienblase platzt, die weltweite Bankenkrise ist die Folge. Der Tsunami im Indischen Ozean und der Hurrikan Katrina in den USA kosten vielen Hunderttausenden Leben und Existenz. // Digitale Medien, das Internet, Smart Phones, soziale Netzwerke wie Facebook, Twitter oder Instagram bestimmen die Mediennutzung vor allem der Jüngeren. 2001 kommt der iPod von Apple auf den Markt, 2007 das iPhone, 2010 das Tablet iPad. Wir sind immer und überall online – auch in den eigenen vier Wänden.

Gaby Miketta in ihrer Wohnung mit viel Glas und Licht – und einem geölten Eichenboden.

INTELLIGENT PLANEN – BESSER LEBEN

Was Bauherren von morgen und übermorgen wissen sollten

Mit einem Haus gestaltet der Bauherr Zukunft: seine eigene Zukunft, die seiner Familie, die Zukunft des Viertels und seiner Stadt. Planung und Bau dauern oft Jahre, und ein Haus steht dann viele Jahrzehnte und länger – gute Gründe, sich Gedanken über dessen Gestaltung zu machen, vor allem in einer Zeit schneller technischer Entwicklungen.

Unsere Erde wird inzwischen von deutlich mehr als 7 Milliarden Menschen bewohnt. Deshalb müssen wir mit den Ressourcen unseres Planeten viel bewusster umgehen als bisher. Die Menschen in den Industriegesellschaften gewinnen heute so viele Bodenschätze, als hätten wir drei Planeten zur Verfügung. Außerdem steigt der Ausstoß an klimarelevanten Abgasen noch immer, trotz aller Warnungen. Energie und Rohstoffe werden knapper und teurer.

Wenn wir ein neues Haus bauen oder ein altes umgestalten, muss unser Ziel sein, ein Höchstmaß an Nachhaltigkeit zu erreichen. Auch Bauherren, Architekten und Ingenieure tragen Verantwortung für unseren Planeten. Entweder wir entscheiden selbst aktiv über unsere Wohn-Zukunft oder wir werden von der Dynamik des Weltmarkts dazu gezwungen. Deutschland zählt seit Jahren zu den führenden Nationen beim Einsatz von regenerativen Energien. Im Jahr 2014 wird der Anteil von sauber erzeugter Elektrizität wohl erstmals mehr als 25 Prozent an der gesamten Stromerzeugung ausmachen. Die Zeichen für eine Wende im Umgang mit Ressourcen stehen also gar nicht so schlecht.

Der Raum um uns

Unsere Umgebung prägt uns. Der Raum um uns herum gibt uns Möglichkeiten oder er schränkt uns ein. Raum schafft Atmosphäre und, im Idealfall, Behaglichkeit. Als soziale Wesen benötigen wir auch Kontakt zu anderen Menschen, und Architektur muss dafür den passenden Rahmen bieten. Eine sorgfältige Planung und gute Grundrisse sind wichtige Voraussetzungen für Wohlbefinden und ein harmonisches Miteinander.

Ein eigenes Haus ist aber auch Wertanlage und Handelsware. Irgendwann muss oder möchte man den Ort wechseln – und dann?

2029 FIKTIVE IMMOBILIEN-ANZEIGE

EINFAMILIENHAUS IN STADTNAHER UND RUHIGER LAGE, 110 M² WOHNFLÄCHE, BAUJAHR 2015, KOMPLETT AUS UNBEHANDELTEM HOLZ ERSTELLT, 5 MINUTEN ZUR S-BAHN, 10 MINUTEN ZUM ZENTRUM, 400 M² GARTEN, DAVON 100 M² GEMÜSEBEETE FÜR EIGENBEDARF, BEGRÜNUNG BINDET JÄHRLICH 1 TONNE CO_2, PLUSENERGIE-HAUS MIT WÄRMEPUMPE, SONNENKOLLEKTOREN FÜR WARMWASSER, PHOTOVOLTAIK MIT EINEM JÄHRLICHEN ÜBERSCHUSS AN ELEKTRISCHER ENERGIE VON 5000 KWH, EFFIZIENTE ENERGIESPEICHER, HAUS VOLLSTÄNDIG SCHWELLENFREI GEBAUT, ZURZEIT 4 ZIMMER, JEDOCH OHNE AUFWAND ANDERE AUFTEILUNG MÖGLICH, GETRENNTER GRAUWASSERKREISLAUF, ALLE ZIMMER MIT 10 GBIT/S ETHERNET VERKABELT, GARAGE MIT PHOTOVOLTAIK-DACH UND MIT LADESTATIONEN FÜR E-AUTO- UND E-BIKE. PREIS VB. **KONTAKT: SCHLAU@BAU.NETT**

Ein derartiges Haus wäre autonom im Verbrauch und würde sogar das Haushaltseinkommen noch ein wenig aufbessern. Außerdem besäße es auch in der Zukunft einen guten Wiederverkaufswert – nicht ganz unwichtig, denn Ökonomen gehen davon aus, dass immer häufiger Immobilien zu „Lebensabschnittshäusern" werden, wir also öfter mal verkaufen, wenn ein Haus am falschen Ort steht, zu groß oder zu klein geworden ist.

Wie werden wir in 20 oder in 30 Jahren leben, bauen und wohnen?
Die Zukunft ist offen, hat aber ihre Wurzeln in der Vergangenheit und in den Ideen Einzelner. Deswegen haben wir für dieses Buch herausragende Architekten, Ingenieure und Wissenschaftler zu ihren Ideen befragt, zu ihrer Sicht auf die Anforderungen, die in den nächsten Jahrzehnten an ein Gebäude gestellt werden, und zu der Frage, wie man mit intelligenten Häusern seine Lebensqualität verbessern kann.

Das Haus-Haus
Die Sommerresidenz in Lagnö an der Küste bei Stockholm spielt mit der Idee vom Haus: Fünf unterschiedlich große Beton-Giebel überspannen die einzelnen Wohnräume und eine Terrasse des Geländes von Tham und Videgård Architekten.

FREI OTTO
Beginnen wir mit einem der großen Pioniere und Vordenker des nachhaltigen Bauens: Der Architekt Frei Otto war nicht nur der Ideengeber des Zeltdachs über dem Münchener Olympiastadion, sondern er baute schon Mitte der 1960er Jahre sein eigenes Privathaus so, dass es noch heute als Muster für nachhaltige und ressourcenschonende Planung dienen kann. Seine von Mies van der Rohe übernommene Devise „Weniger ist mehr" kann heute mehr denn je als Motto für zukünftiges Bauen gelten.

MATTHIAS SCHULER
Nur wenige Kilometer von Frei Ottos Haus entfernt residiert das Stuttgarter Ingenieurbüro „Transsolar" von Matthias Schuler. Hier entstehen seit über 20 Jahren klimafreundliche Konzepte für die internationalen Stars der Architekturszene. Im Interview gibt der engagierte Ingenieur Hinweise, wie Bauherren angesichts des sich wandelnden Klimas heute am besten für morgen planen. Aber Schuler ist nicht nur Techniker: Immer wieder weist der Ingenieur auf die begrenzte Rolle der Hardware hin: „Der Nutzer hat einen viel größeren Einfluss, als viele denken, denn er kann ganz leicht nur mit seinem Verhalten den Verbrauch um die Hälfte senken oder auf das Doppelte steigern!" Diese Cleverness kostet keine Investition und verbraucht keinen Strom. Es ist wie beim Computer: Eine schlaue Software kann die Hardware besser ausreizen.

MANFRED HEGGER
Wir erwärmen heute nicht mehr nur unsere Häuser, sondern bereits unseren ganzen Planeten. Weder für uns noch für die uns umgebende Natur ist das von Vorteil. Die Klimaerwärmung muss begrenzt werden, wenn wir nicht mit unabsehbaren Folgen konfrontiert werden wollen. Gebäude tragen mit etwa 40 Prozent zu unserem viel zu hohen CO_2-Ausstoß bei. Bauherren können also etwas verändern! Der Darmstädter Architekturprofessor Manfred Hegger hat bei zahlreichen Bauten bewiesen, dass der vollständige Ersatz von fossilen Brennstoffen bei Einfamilienhäusern leicht möglich ist. Neue und gar nicht mehr so neue Techniken zur Nutzung von Sonnenenergie oder Erdwärme entwickeln sich ständig weiter und sind heute bezahlbar geworden.

STEFAN WINTER
Holz galt lange als eher traditioneller Baustoff. Doch seine Ökobilanz ist verglichen mit vielen modernen Materialien exzellent: Ein Holzhaus bindet über seine gesamte Lebensdauer große Mengen CO_2. Außerdem ist der energetische Aufwand für seine Herstellung, verglichen zum Beispiel mit einem Betonbau, um ein Vielfaches geringer – von der angenehmen Atmosphäre eines Holzhauses noch gar nicht zu sprechen. Deshalb trafen wir Stefan Winter, einen der führenden Experten dieses ältesten aller Baustoffe, und befragten ihn zu Chancen und Risiken des modernen Holzbaus.

STEFAN BEHLING
In den vergangenen Jahren erlebten die Materialwissenschaften geradezu eine Revolution: Alte Materialien wurden weiterentwickelt, unzählige neue erfunden. Ähnlich verhält es sich mit Werkzeugen und Herstellungsverfahren. Stefan Behling ist Senior Partner bei Foster und Partner, einem der international führenden Architekturbüros, einem Büro, das auf Innovation großen Wert legt und weltweit Maßstäbe setzt. Er gab uns Gelegenheit, einen Blick in diese Welt der neuen Vielfalt des Bauens zu werfen.

ROLAND BLACH
Wie wäre es, wenn man sein Bauvorhaben bereits dreidimensional vor sich entstehen lassen kann, ohne dass man einen einzigen Stein bewegt hat? Wenn man sich durch die Räume bewegen könnte, als ob sie bereits gebaut und sogar eingerichtet wären? Man könte Fehler vermeiden, Funktionen und Ästhetik intuitiv verbessern und damit deutlich ökonomischer bauen. Roland Blach und weitere Ingenieure am Fraunhofer Institut für Arbeitsorganisation (IAO) haben ein Verfahren entwickelt, mit dem dreidimensionale Baupläne in einem Projektionsraum tatsächlich „begangen" werden können. Bauherren, Architekten und auch Handwerker können ihre Planungen so extrem realitätsnah erfahren.

LOTHAR FREY
Das „Internet der Dinge" erobert gerade die Häuser: Wird morgen jeder Heizkörper, jeder Rollladen und jeder Lichtschalter über seine eigene Web-Adresse verfügen? Wie stark soll man sein Haus vernetzen? Das ist keine völlig utopische Annahme mehr. Der Erlanger Professor Lothar Frey ergänzt diese Informationen mit dem Vorschlag, Häuser, die über eine eigene Energieproduktion verfügen, noch effizienter zu machen, indem man ihnen neben dem normalen Stromnetz ein Gleichstromnetz spendiert. Aus seiner Sicht eine gute Investition in die Zukunft.

JOHANNES SCHWÖRER
Ein Haus von der Stange galt bei Bauherren lange als wenig attraktiv. Doch die Fertighaus-Industrie wusste die rasante Entwicklung neuer Technologien und Materialien in den vergangenen Jahren für sich zu nutzen. Heute sind Fertighäuser technisch oft hoch entwickelt und bieten Energiesparmöglichkeiten, die weit über den Standards von Durchschnittshäusern liegen, erklärt Johannes Schwörer, Präsident des Bundesverbands Deutscher Fertigbau e.V.

KONSTANTIN GRCIC
Eine Wohnung ist weit mehr als nur eine schützende Hülle allein. Sie ist auch Visitenkarte der Familie, Ort der Selbstdarstellung wie des Rückzugs. Der renommierte Münchner Designer Konstantin Grcic hat gerade seine Vision von Wohnräumen der Zukunft entworfen: Es sind mutige und bildstarke Blicke in zukünftige Zeiten, doch ganz andere und viel individuellere als die Visionen vergangener Jahrzehnte, als Designer noch mit harmonischen Wohnlandschaften liebäugelten.

CHRISTIAN BARTENBACH
Etwa 90 Prozent unserer Zeit halten wir uns in geschlossenen Räumen auf, sagt die Statistik. Viele Menschen leben in zu dunklen Wohnungen und legen zu wenig Wert auf gutes Tageslicht. Das verschlechtert die Lebensqualität und birgt sogar das Risiko für Erkrankungen in sich. Bei einem Neubau sollte die Lichtgestaltung deshalb eine wichtige Rolle spielen. Das österreichische Ingenieurbüro Bartenbach erforscht und baut seit Jahrzehnten gut belichtete Gebäude und fördert so das häusliche Wohlbefinden.

NICOLE PFOSER
Pflanzen verbessern die Luft, binden Staub, dämpfen Lärm und erfreuen nicht zuletzt das menschliche Auge. Aber unsere Städte sind eng und jeder Quadratmeter Boden ist teuer. Wohin also mit dem Grün? Der französische Gartenkünstler Patrick Blanc beweist seit Jahren, welche positiven Entwicklungen mit genügend Fantasie auch in Städten möglich sind: Blancs vertikale Gärten überwuchern Hausfassaden, sind ökologische Rückzugsgebiete und echte Hingucker. Seine Darmstädter Kollegin Nicole Pfoser hat die Effekte solcher neuen Gärten an Wänden und auf Dächern sowie die vielen Möglichkeiten ihrer Umsetzung untersucht.

WILHELM KLAUSER
Wer baut, der braucht einen Ort dafür. Doch wo soll man sein Haus bauen? Stadtnahe Grundstücke sind häufig unbezahlbar. Auch die nahe Peripherie hat ihren Preis. In Deutschland pendeln schon 17 Millionen Arbeitnehmer deswegen über ihre Gemeindegrenze hinaus. Viele sind täglich länger als eine Stunde unterwegs. Deswegen ist die Wahl des Wohnorts naturgemäß eine entscheidende Frage für Bauherren. Der Stadtplaner und Architekt Wilhelm Klauser berichtet über seine internationalen Erfahrungen und über die Konsequenzen, die er für zukünftige Entwicklungen zieht.

KIRSTEN MENSCH
Hohe Bodenpreise in vielen boomenden Städten haben in den vergangenen Jahren dazu geführt, dass neue, gemeinschaftliche Wohnformen entstehen. Bei Bauherrengruppen steht dabei meist die Kostenersparnis im Vordergrund. Aber auch das soziale Bedürfnis nach einem intensiveren Miteinander mit Freunden und Nachbarn lässt Menschen gemeinsam Wohnprojekte entwickeln. So spannend diese Modelle des gemeinschaftlichen Wohnens sind, vieles muss ausprobiert werden und mancher Irrtum kann teuer und frustrierend werden. Kirsten Mensch erforscht und begleitet solche Experimente und weiß um ihre Chancen und Risiken.

RENZO PIANO
Flexibilität gehört heute zu den Grundtugenden von Angestellten. Auch sich verändernde Familiensituationen fordern Flexibilität. Zu einer Immobilie mag diese Eigenschaft der hohen Beweglichkeit jedoch nicht recht passen. Doch das ändert sich gerade. Architekten entwickeln Ideen, um die „eigenen vier Wände" mobil zu machen: kleine und bewegliche Wohneinheiten, gut transportierbar und modular erweiterbar zu größeren Einheiten. Der italienische Weltarchitekt Renzo Piano hat jüngst eine solche Wohneinheit entworfen, die sogar weitgehend autonom funktionieren kann: „Diogene" nennt er sein minimalistisches Wohnkonzept in Form eines Hauses, das alles bietet, was man zum Leben benötigt – aber auch kein bisschen mehr.

WINY MAAS

Stellen Sie sich vor, in einer mitteleuropäischen Stadt würden fast alle Baugesetze außer Kraft gesetzt. Unmöglich? In Europas jüngster Großstadt, in Almere vor den Toren von Amsterdam, hat ein solcher Versuch gerade begonnen. Die Stadt hat den Rotterdamer Architekten Winy Maas und seine Kollegen vom Büro MVRDV beauftragt, ein Konzept für einen neuen Stadtteil zu entwickeln, der auf freiwillige Kooperation der Bewohner und auf das soziale Miteinander setzt – nicht auf einen kaum zu überblickenden Katalog von Gesetzen. Winy Maas und MVRDV zählen wohl zu den kreativsten Planern und Konstrukteuren auf unserm Globus. Sie entwerfen fast immer quer zu Konventionen. Im letzten Kapitel stellen wir einige neue Ideen aus der Rotterdamer Denkwerkstatt vor.

15 Häuser für morgen

Interviews geben naturgemäß vor allem den Standpunkt eines einzelnen Gesprächspartners wieder. Modernes Bauen umfasst jedoch viel mehr Facetten. Es gibt nicht nur die eine Zukunft, sondern viele. Deswegen werden die Gespräche um zahlreiche Beispiele von Häusern ergänzt, die besonders pfiffige Lösungen zum Thema zeigen.

20 Meter lang und nur gut 3 Meter breit: Das Haus Walter in Frankfurt von Liquid Architekten – ein gelungenes und preisgekröntes Beispiel für die Bebauung von kleinen Restflächen in Großstädten.

EINFÜHRUNG — WEGBEREITER ZUKÜNFTIGEN BAUENS — FREI OTTO

01
DER VISIONÄR DES WENIGEN UND LEICHTEN

Frei Otto baute schon vor 60 Jahren mit weniger Material und Energie

„Die Mutter aller Ökohäuser" nannte die Stuttgarter Zeitung *das Ende der 1960er Jahre entstandene Privathaus von Frei Otto, weil es schon damals mit seiner zweischaligen Konstruktion wegweisend für den Umgang mit Licht und Energie war.*

> »Eine intelligente Konstruktion ist immer darauf ausgerichtet, den Materialaufwand für das Bauen zu minimieren.«
>
> Manfred Hegger

Der Konstrukteur des Münchener Olympiadachs und Erfinder neuer Bautechniken, Frei Otto, sah schon vor 60 Jahren die Notwendigkeit, mit weniger Material und Energieaufwand zu bauen.

Frei Ottos Privathaus aus dem Jahr 1967 ist ein Urahn moderner und energieeffizienter Häuser, das schon damals zweischalig gebaut wurde. Unter einer großen Glashülle sind auf zwei Ebenen verschiedene „Häuser im Haus" angeordnet: für Eltern, für Kinder und für Gäste. In der Mitte liegt wie ein zentrales Forum der Wohn- und Essraum mit vielen Pflanzen. Nach Süden orientiert, fängt die Glashülle das Licht und die Wärme der Sonne ein, wobei eine Markise als Blendschutz dient. Steigt die Temperatur zu stark an, dann kann ein riesiges, mehr als 5 x 5 Meter großes Tor geöffnet werden. Garten und Haus verschmelzen so zu einer natürlichen Wohnlandschaft. Auch fast 50 Jahre nach dem Bau wirkt das Konzept luftig leicht und zeitgemäß und macht Lust darauf, sich dort aufzuhalten.

Das visionäre Haus entstand in der gleichen Zeit wie die Bauten, die bis heute mit dem Namen Frei Otto verbunden sind: die Dachlandschaften des Münchener Olympiageländes. Diese riesigen, aber leicht wirkenden Zelte, deren atemberaubende Architektur immer noch Millionen von Besuchern aus aller Welt anzieht, waren das Resultat einer langjährigen und systematischen Suche Ottos nach effizienteren Bautechniken, die mit wenig Material und Energie auskommen.

„BAUEN MIT QUASI NICHTS HAT MICH GEPRÄGT."

Architektur lag dem Sohn eines Steinmetzen wohl schon in den Genen, aber das Schwere der Steine seines Vaters wollte er überwinden. Seine Beschäftigung mit dem Leichten begann, als er schon als Schüler die Segelfliegerei zu seinem Hobby machte und dann gegen Ende des Zweiten Weltkriegs eine Pilotenausbildung absolvierte. Zum Fronteinsatz kam er nicht mehr. Doch seine Kriegsgefangenschaft zwischen 1945 und 1947 in einem Lager nahe des französischen Chartres ließ ihn erfahren, mit wie wenig der Mensch auskommen kann, wie wenig genügt, um eine schützende Behausung zu bauen. „Wir hatten lediglich ein paar Pappkartons. Aber daraus bauten wir Hütten, die uns vor den schlimmsten Wettereinflüssen schützen konnten." An diese Anfänge erinnert sich Otto noch heute lebhaft. Obwohl damals erst 21 Jahre alt, avancierte er zum

Architekten des riesigen Lagers mit 40.000 Gefangenen. „Steine, Flugzeuge und der kriegsbedingte Mangel an Material, das hat mich geprägt." Nach Architekturstudium und Reisen zu den großen Architekten seiner Zeit, u.a. zu Mies van der Rohe, legte er seine Doktorarbeit vor: „Das hängende Dach." Es ging um die jahrtausendealte Konstruktion von Zeltdächern, die schon unsere steinzeitlichen Vorfahren vor Unwetter schützten. Doch Ottos Zelte waren größer, zum Teil viel größer. Sie waren Architektur, sie waren Leichtbau und überspannten ganze Hallen mit deutlich weniger Material- und Energieaufwand als konventionelle und schwere Tragwerke. Frei Otto wollte mit immer weniger auskommen, während viele seiner Kollegen in der Zeit des Wirtschaftswunders und der billigen Energie in die Vollen gingen. „Hängende Dächer lassen sich nicht entwerfen", schrieb er damals. „Man findet die Form durch Versuche." Das stand nicht gerade im Einklang mit vielen damals herrschenden Vorstellungen von Architektur. Frei Otto experimentierte mit Seifenblasenmodellen: „Deren Oberflächen zeigen, wie die minimalste und ökonomischste Form eines Dachs aussehen muss." So entstand in den 1960er Jahren aus kleinen Versuchen mit natürlichen Vorbildern das Konzept für einen der spektakulärsten Bauten Europas. Bionisch würde man solches Vorgehen heute nennen.

„Ich wollte das Dach über den Olympischen Stadien nicht zu einem Symbol machen, sondern so leicht und so minimal wie möglich. Ich war immer ein Anhänger des Satzes ‚Weniger ist mehr', wie es Mies van der Rohe gesagt hatte. Wahrscheinlich hätte man das Olympiadach sogar noch filigraner bauen können, als wir es taten."

Bei vielen von Frei Ottos Bauten wird der Verlauf der Schwerkraft regelrecht sichtbar: Seile, Stützen und Träger liegen genau da, wo sie am ökonomischsten sind, wo sie am leichtesten und filigransten gestaltet sein können. Das reduziert nicht nur den Materialaufwand erheblich, es wirkt auch sehr ästhetisch. So als ob der Betrachter die gute Ökonomie des Bauprozesses unbewusst spüren würde.

Ungebaut blieb Ottos Entwurf eines Privathauses für einen Freund und Kollegen, den englischen Ingenieur Ted Happold, der noch vor Baubeginn starb. Frei Otto wählte für das Gebäude die energetisch optimale Form einer Kuppel, die Wärmeverluste minimiert. Photovoltaische Elemente und ein Windrad sollten elektrische Energie erzeugen, Erdwärme das Gebäude zur kalten Jahreszeit heizen und ein Gründach vor starken Temperaturunterschieden schützen. In dieser Form wäre das Haus sehr energieeffizient gewesen.

Einen ganz anderen Ansatz verfolgte Otto im südenglischen Hook Park. Aus Baumstämmen, die normalerweise als zweite Wahl bei der Waldpflege ausgesondert und zu Zellstoff verarbeitet werden, konstruierte er ein bemerkenswertes Ensemble von Bauten. So ließ er frisch geschlagene Fichten noch feucht zu zahlreichen hintereinander angeordneten Bögen binden und überspannte den so entstandenen Tunnel mit einer Membran. Das Ergebnis ist eine helle und attraktive Halle. Heute beherbergen die Häuser Werkstätten einer berühmten englischen Architekturschule. Otto beschränkte seine Erfindungen aber keineswegs auf das rein technische Konstruieren. Ihm ging es um die Bewohner, um die Menschen. Für die internationale Bauausstellung in Berlin entwarf er in den 1980er Jahren eine Hausstruktur aus Beton, ähnlich einem riesigen Regal, und lud Menschen ein, diesen „Rohbau" auszugestalten und ihre eigenen Vorstellungen von Bauen und Wohnen zu realisieren. Der Prozess dieses Baus dauerte deutlich länger, als wenn ein Bauträger ein derartiges Projekt realisiert hätte. Doch das Ergebnis ist beeindruckend: zufriedene Bewohner und ein unvergleichlich buntes und grün bewachsenes Haus im Berliner Bezirk Tiergarten, ein äußerst menschlicher und naturnaher Bau.

KLIMATISIEREN MIT PHYSIK – UND OHNE TECHNIK

Warme Luft steigt nach oben und im Winter steht die Sonne niedrig.

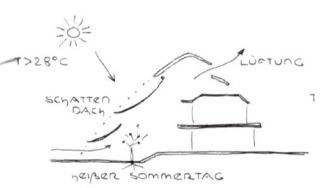

heißer Sommertag

tagsüber Frühling bis zum Herbst

kalter sonniger Wintertag

bei kühler Nacht

MERKZETTEL

1.
Baustoffe haben sehr unterschiedliche Ökobilanzen. Schon mit der Wahl des Materials kann man die Größe des ökologischen Fußabdrucks eines Hauses stark beeinflussen.

2.
Leichte und filigrane Bauweisen sind nicht nur für ihre Bewohner freundlicher, sondern auch umweltbewusster.

3.
Fantasie und Offenheit gegenüber Neuem steht auch Bauherren und Architekten von heute sehr gut.

WIE VIEL WIEGT EIN HAUS?

Wie schon sein Freund und Kollege, der amerikanische Architekt Buckminster Fuller, stellte Otto bei seinen Forschungen immer wieder ungewöhnliche Fragen in Bezug auf die Architektur. Zum Beispiel: Wie viel wiegt ein Gebäude? Dabei ist das eine zentrale Kenngröße für den Energie- und Materialverbrauch eines Hauses. Je schwerer der Bau, desto größer prinzipiell die Belastung für die Umwelt. Beton besitzt eine bis zu fünfmal höhere Dichte als Holz. Das schlägt sich natürlich auch in der Ökobilanz dieser Baustoffe nieder, die für Beton deutlich schlechter ausfällt.

Ein durchschnittliches Einfamilienhaus aus Stein oder Beton wiegt heute etwa 200 bis 250 Tonnen. Für die Herstellung des Betons ist eine große Menge Energie notwendig, verbunden mit entsprechendem CO_2-Ausstoß. Ein Holzhaus wiegt nur ein Viertel bis ein Fünftel und bindet in seinem Baumaterial auch noch zusätzlich eine Menge CO_2.

Frei Otto dachte sogar noch weit extremer. Schon vor 60 Jahren begann er mit Experimenten zum Bauen mit Luft. „Luft ist ein völlig unterschätztes Material. Durch Luftdruckunterschiede kann eine leichte Textilhülle zu einem Träger, zu einem Dach oder zu einem ganzen Gebäude werden. Außerdem: Luft isoliert außerordentlich gut." Auch dabei holte er sich Anregungen aus der Natur: Zellen, die mit minimal dünnen Häuten Räume definieren. Leider blieben die meisten dieser Entwürfe, Otto nannte sie Pneus, ungebaut. Luft wartet immer noch darauf, als Baumaterial richtig entdeckt zu werden.

Aber das Fazit des großen alten Mannes der deutschen Architektur lässt noch heute staunen: „Man könnte mit einem Hundertstel oder sogar einem Tausendstel des Materials, das für einen konventionellen Bau benötigt wird, ein Haus bauen, je nach dem, wo es steht: in der Sahara, in Mitteleuropa oder am Nordpol. Das ist keine Schwierigkeit." So dachten auch andere Große der Architektur, wie Mies van der Rohe oder Buckminster Fuller. Weniger kann eben mehr sein.

Oben: Die wahrscheinlich individuellsten Etagenwohnungen Deutschlands entstanden auf Frei Ottos Anregung hin in den 1980er Jahren am Berliner Landwehrkanal, die sogenannten „Öko-Häuser".

Rechts: Fingerübung für Großprojekte: Seit den 1960er Jahren steht auf dem Gelände der Universität Stuttgart ein Vorläuferbau des Münchener Olympiadachs.

PROJEKT 01 | DAS REGENSBURGER DREIECKSHAUS

Der Münchener Architekturprofessor Thomas Herzog gehört zu den Pionieren des umweltbewussten Bauens. Sein preisgekröntes Regensburger Haus von 1979 war seiner Zeit weit voraus: Das Pultdach des Holzbaus neigt sich nach Süden, fängt das Licht und nutzt den gläsernen Wintergarten dort als Wärmepuffer. Die großen Isolierglasflächen lassen die Bewohner die Natur und die Jahreszeiten intensiv erleben.

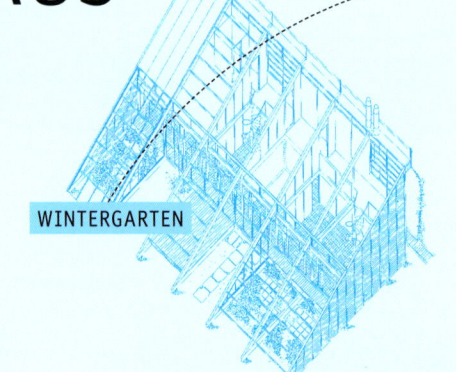
WINTERGARTEN

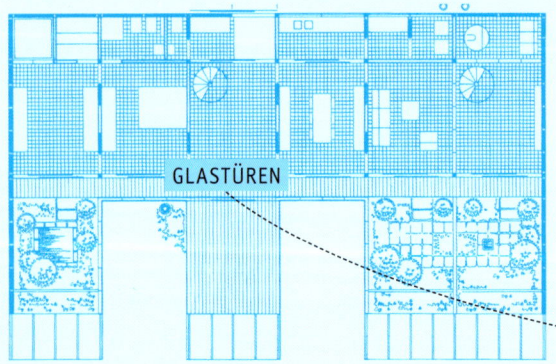
GLASTÜREN

»MIT SEINEM ENTWURF FÜR EIN WOHNHAUS IN REGENSBURG HAT THOMAS HERZOG EINEN PROTOTYPEN FÜR DIE NUTZUNG PASSIVER SOLARENERGIE GESCHAFFEN.«

DEUTSCHE BAUZEITUNG

ARCHITEKT
Thomas Herzog

FERTIGSTELLUNG
1979

STANDORT
Regensburg

SONSTIGES
Eines der ersten deutschen Häuser, die gezielt auf die Nutzung von Sonnenenergie hin gebaut wurden.

Das Haus weicht aus: Um den Baumbestand zu bewahren, besitzt der gläserne Wintergarten zwei große Einschnitte.

Natürliche und regionale Baustoffe dominieren. Das tragende Skelett wurde aus verleimtem Fichtenholz montiert. Auch Außen- und Innenwände sind aus Holz. Als Boden dienen Kalkstein-Platten aus regionalem Abbau.

Im Sommer öffnet sich der Bau mit großen Glastüren ins Grün und vergrößert die Wohnfläche in den Garten hinein.

ENERGIE & MATERIAL

KLIMAGERECHT BAUEN

Matthias Schuler studierte Maschinenbau mit besonderem Augenmerk auf den Einsatz regenerativer Technologien. In einem internationalen Forschungsprojekt bemerkte er, dass bei Bauherren und Architekten noch gar nicht viel Wissen über umweltfreundliche Energieerzeugung angekommen war. Seit mehr als 20 Jahren gilt Schuler nun mit seinem Stuttgarter Ingenieurbüro Transsolar als einer der führenden Energieplaner für Architekten weltweit. Mit hoch entwickelten Computersimulationen berechnen Schuler und seine Kollegen Luftströmungen und Temperaturen bereits lange vor dem Bau. Dabei arbeitet er oft mit den großen Stars der Szene zusammen, wie mit Frank O. Gehry, Renzo Piano, Helmut Jahn, Peter Zumthor und Jean Nouvel.

INTERVIEW

02
DER ARCHITEKTEN-FLÜSTERER

Das Klima ändert sich und damit die Anforderungen an unsere Häuser

---

Unser Klima verändert sich. Unsere hohen CO_2-Emissionen lassen weltweit die Durchschnittstemperaturen steigen, ebenso in Mitteleuropa. Das wirkt sich auch auf die Art, wie wir bauen, aus. Matthias Schuler, einer der renommiertesten Klimaingenieure, beantwortet Fragen nach den Notwendigkeiten für Haus und Mensch, die sich daraus ergeben.

Welche Anforderungen stellt der Klimawandel an das Bauen in Deutschland?
Kühlung war früher für Bauten in Mitteleuropa nicht erforderlich, das Thema kommt erst auf mit der Erderwärmung in Kombination mit neuen Baumaterialien und Bauweisen. 2003 gab es in Frankreich durch die Hitzewelle 35.000 Tote. Viele Betroffene waren sicher schon vorher krank, aber ein Teil der Todesfälle wurde durch überhitzte Wohnungen verursacht, Wohnungen, die nicht klimatisiert waren. Natürlich kann es nicht darum gehen, jedem Haus jetzt eine klassische amerikanische Klimaanlage zu verpassen. Wir müssen unsere Wohnungen so bauen, dass sie auch bei höheren Außentemperaturen nicht überhitzen. Das A und O dabei ist ein guter Sonnenschutz. Wirkungsvoll sind zum Beispiel tiefe Dachüberstände auf der Südseite, die im Sommer bei hohem Sonnenstand die Sonneneinstrahlung abschirmen und dadurch die Mittagshitze erst gar nicht ins Zimmer lassen. Diese einfache Maßnahme muss allerdings gut geplant werden, und vielleicht muss man sich im Planungsprozess dann von der einen oder anderen angedachten Dachform verabschieden. Übrigens kann man auch Flächenheizungen am Boden und an der Wand so konstruieren, dass sie im Sommer umgeschaltet werden können und dann als Wärmesenke dienen und kühlen.

SONNENSCHUTZ OHNE TECHNIK

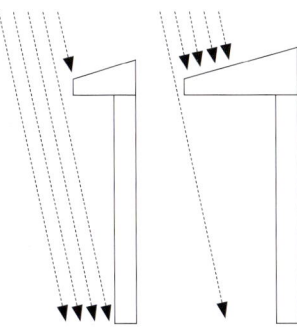

Ein einfacher Dachüberstand auf der Südseite hält die Sonnenstrahlen im Sommer aus dem Haus heraus. Die niedrig stehende Sonne im Winter kann das Haus erwärmen.

»Die Ökologisierung der Stadt wird sehr sichtbare Spuren hinterlassen.«

Matthias Sauerbruch

Wenn ein Bauherr heute neu baut oder umbaut, was würden Sie ihm raten?

Neben einer genauen Betrachtung des Standorts und seiner klimatischen Bedingungen sollte man sein eigenes Verhalten analysieren. Alles technisch zu lösen, halte ich für falsch. Wir müssen lernen, mit den neuen Bedingungen und mit teurer werdender Energie umzugehen. Menschen, die sich Solarkollektoren auf das Haus bauen, verändern oft allein dadurch ihr Verbrauchsverhalten: Sie machen sich einen Sport daraus, mit dem Warmwasser aus ihrem Tank auszukommen, auch wenn es mal zwei trübe Tage gibt. Mein Vater hat sich schon 1974 eine Solaranlage auf das Dach gebaut. Damit hat er dann gleich drei Nachbarn angesteckt. Die vier haben sich dann über den Zaun unterhalten: Wie warm ist dein Speicher noch, wie lang hält der die Wärme? So kann man die Leute abholen. Sie machen sich ihren Energieverbrauch bewusst. Allerdings dauert das oft seine Zeit. In Masdar City in Abu Dhabi haben wir gelernt: Wir brauchen mindestens 15 Jahre, um Menschen ein anderes Verhalten anzugewöhnen. Zum Beispiel hat uns einer der dortigen Bauherren gesagt: Er kann nur in einem Zimmer schlafen, wenn die Temperatur unter der Bettdecke auf 18 Grad gekühlt ist. Sein Großvater aber hat in einem Zelt in der Wüste geschlafen, bei 30 Grad! Bewusstsein und Gewohnheiten haben sich also gravierend verändert.

Meine Oma wusste auch noch: An einem heißen Sommertag blieben Fenster und Türen zu. Erst am nächsten Morgen, wenn es kühler ist, hat sie gelüftet. Solches Verhalten haben viele vergessen. Klar: Auch unser Leben hat sich verändert. Oft ist ja tagsüber auch niemand mehr zu Hause.

Sehen Sie eine Chance dafür, dass Menschen so etwas wieder lernen?

Die moderne Zentralheizung mit ihrer komfortablen Bereitstellung von Wärme hat uns das Bewusstsein für Energie quasi aberzogen. Früher, als es noch einen Ofen pro Zimmer gab, war es viel mühsamer, Wärme zu erzeugen. Das hat bei den Verbrauchern das Bewusstsein geschärft. Aber ich möchte natürlich nicht, dass man wieder Kohle schleppen muss, um einzuheizen.

Die Industrie hat unser Komfortdenken weiter unterstützt. Die Werbung

Das ambitionierteste Projekt von Matthias Schuler ist wohl der zusammen mit Norman Foster geplante Bau von Masdar City, einem Musterbeispiel an Nachhaltigkeit im Emirat Abu Dhabi. Hier werden 40 Prozent weniger Energie und Wasser verbraucht als in normalen Städten. Zwei grüne Belüftungskorridore durchziehen die gesamte Bebauung, um nachts kühlen Wüstenwind in die Stadt zu leiten.

Einfach, aber klug
Grundprinzipien der Bebauung in Masdar City sind zahlreiche Beschattungselemente der Wohnungen (1) und der Gassen (3) sowie Kühltürme nach einem uralten Prinzip des Orients, von Schuler neu interpretiert (2). Die ersten Häuser des Modellvorhabens (4).

WIE VIEL SIND 2000 WATT?

Watt ist die Einheit für Leistung und nicht für den Energieverbrauch. Der Energieverbrauch wird mit Wattstunden gemessen (Wh). Die Leistung bezeichnet die Energie eines Geräts oder einer Anlage pro Sekunde. Wenn wir eine halbe Stunde mit einem Staubsauger saugen, der eine Leistung von 1500 Watt hat, ergibt sich folgender Energieverbrauch: 1500 W · 0,5 h = 750 Wh oder 0,75 kWh. Dem entsprechen 2000 Watt kontinuierlicher Leistung 17520 kWh pro Jahr: 2000 Watt · 24 h · 365 Tage = 17520 kWh/Jahr.

---

sagt uns, wir müssen nur die entsprechenden Automaten richtig einstellen, dann haben wir komfortable Temperaturen im Haus. Das braucht Maschinen und Energie. Aber es geht oft auch einfacher.

Früher war das Haus vor allem ein Schutz gegen Wind und Wetter. Heute ähnelt mancher Neubau eher einer Maschine. Ist das sinnvoll?

Ja, irgendwann wird das Haus zum Christbaum. Ich bin gerade mit meiner Familie umgezogen, in eine alte Maschinenfabrik von 1938 mit Dreifachverglasung und Fußbodenheizung. Im Haus wohnen vier Familien, und die meisten von uns überlassen die Steuerung darüber, was, wann, wo warm oder kalt ist, dem Computer. Ich habe eine kleine Schaltuhr für die Pumpe und die Vorlauftemperaturen der Heizung regele ich mit der Hand. Das bedeutet aber, dass man sich damit auseinandersetzt. Energiesparen heißt auch heute nicht immer, gleich eine gigantische Maschinerie im Haus zu besitzen. Man kann durchaus ein Niedrigenergie-Haus bauen, das ausschließlich mit passiven Elementen arbeitet: ein Lüftungskamin, ein Erdregister mit einem Wärmetauscher und eine kleine Zusatzversorgung für Wärme. Das muss nichts Kompliziertes sein. Ich meine sogar, dass wir teilweise die Maschine wieder durch den Mensch ersetzen sollten. In öffentlichen Gebäuden und Schulen sagen zum Beispiel viele: Wir wollen keine Computersteuerung, stattdessen lieber einen Hausmeister!
Wir bei Transsolar bauen gerne vernünftige Häuser im Sinne eines Passivhauses. Eine mechanische Lüftung mit Wärmerückgewinnung stellen wir infrage, wenn es keine sehr guten Gründe dafür gibt. Oft quetscht man nämlich, um Platz im Haus zu sparen, schmale Lüftungsschächte irgendwo rein und braucht dann viel Strom, um die Luft durch diese kleinen Rohre durchzupressen. Da ist ein bewusster Nutzer mindestens so effizient wie die Technik – und der braucht keinen Strom.

Können wir etwas tun, auch wenn wir nicht neu bauen?

Wenn wir den Klimawandel stoppen wollen, dann müssen wir von der Energie, die wir heute verbrauchen, 50 bis 70 Prozent einsparen. Das ist sowohl ökologisch wie ökonomisch das Sinnvollste. Der durchschnittliche Stromverbrauch eines Haushalts liegt im Moment zwischen 3500 und 4000 kW/h im Jahr. Das ist zu hoch. Wenn man sich heute die besten Haushaltsgeräte, Fernseher und Computer kauft, die es am Markt gibt, dann kann man mit einem Verbrauch von nur 1500 kW/h zurechtkommen. Man kann also mehr als 50 Prozent einsparen, indem man nur die richtigen Geräte kauft! Außerdem kann man über die Größe der Geräte nachdenken: Vielleicht braucht man nicht unbedingt einen riesigen, begehbaren Kühlschrank und keinen Flatscreen mit einer Diagonale von 1,5 Metern. Da ist ein Sparpotenzial vorhanden, über das sich viele Menschen nicht bewusst sind.
Außerdem brauchen wir einfach zu viel Platz. Wir haben eine Studie in Paris gemacht, wo in den 1960er Jahren pro Person 25 Quadratmeter Wohnraum zur Verfügung stand. Heute sind es 45 Quadratmeter und für 2030 sind sogar 67 Quadratmeter prognostiziert. Das geht nicht! All diese Flächen müssen ja beheizt oder gekühlt werden und das erhöht unseren persönlichen Fußabdruck.

Haben Sie den Eindruck, dass wir in Deutschland einen Dämm-Wahn haben?

Es geht nicht nur um unser Haus oder um die Außenwand, sondern es geht um das gesamte Leben. Die Schweizer machen uns das vor mit ihrer Initiative der „2000-Watt-Gesellschaft". Sie rechnen dabei alles

Kluge Planung der Luftströme ersetzt im Klimahaus Bremerhaven viel Technik und Energieaufwand, sowohl bei der sommerlichen Beschattung als auch bei der Wärmerückgewinnung im Winter.

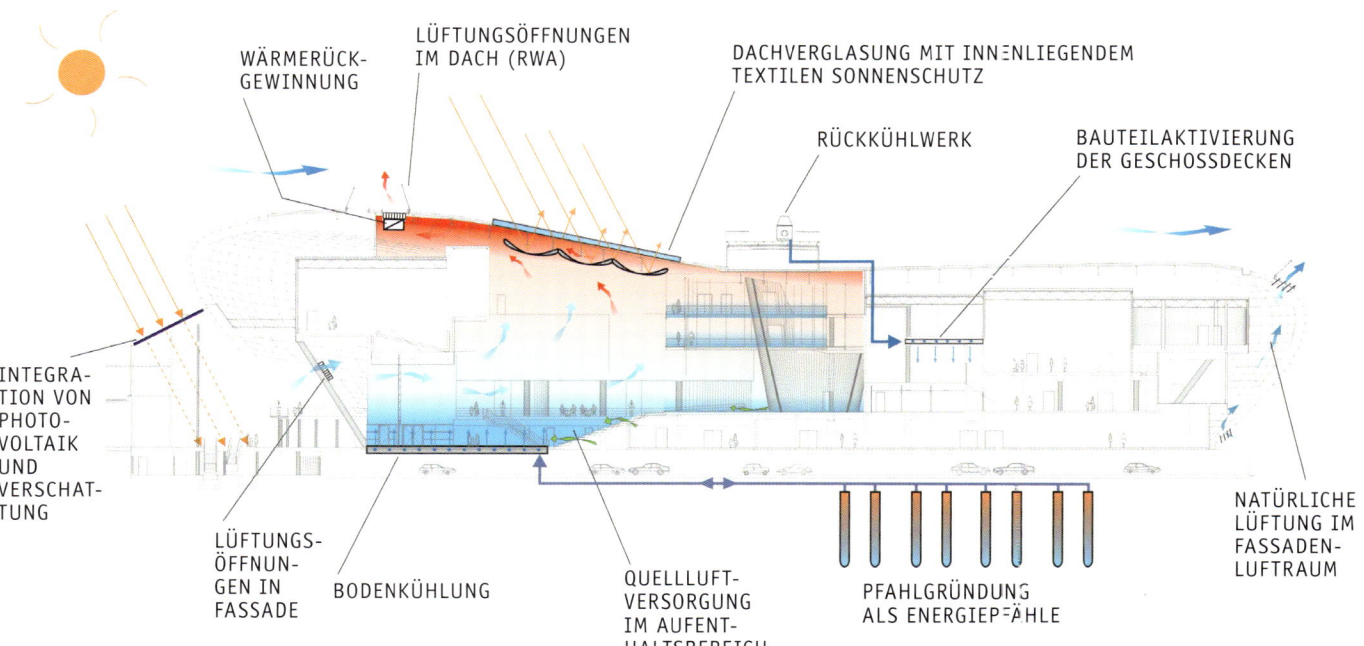

Frank O. Gehrys Bürohaus auf dem Novartis Campus in der Fabrikstraße in Basel sieht nicht gerade aus wie ein Ökohaus. Aber die dekonstruktivistische Glashülle steckt voller Photovoltaik, die einen großen Teil des Energiebedarfs des Gebäudes decken kann.

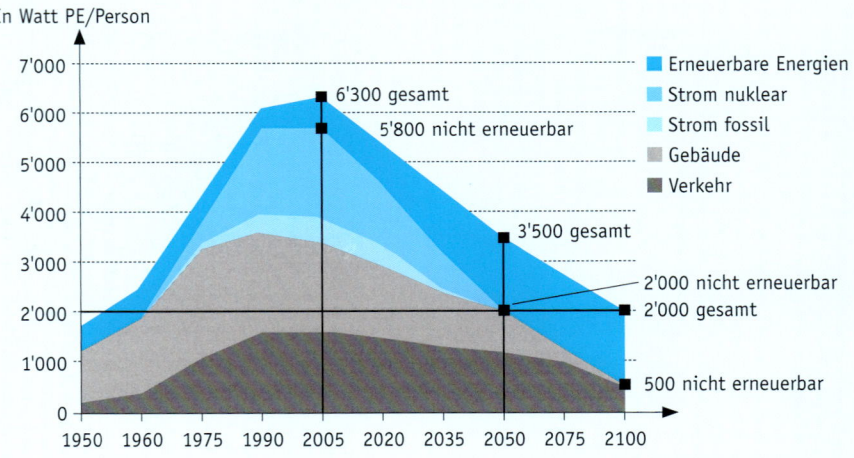

ABSENKPFAD ZUR 2000-WATT-GESELLSCHAFT
Die Grafik der Schweizer Initiative enthüllt es: So wie wir bislang mit Energie umgegangen sind, kann es unmöglich weitergehen!

mit: Wohnen, Arbeiten, Mobilität und auch das Essen. Dafür hat jeder Mensch ein gewisses Kontingent, nämlich 2000 Watt pro Jahr, zur Verfügung. 75 Prozent dieses Verbrauchs wollen die Schweizer über regenerative Energien erzeugen. Bleiben noch 500 Watt aus anderen Quellen, was 1 Tonne CO_2 pro Jahr entspricht. Unser Planet kann etwa 8 Milliarden Tonnen CO_2 pro Jahr verkraften und wir sind demnächst 8 Milliarden Menschen. Das ist eine Milchmädchenrechnung: Jeder darf 1 Tonne CO_2 erzeugen.

Wir müssen es schaffen, dass die Menschen mit 2000 Watt pro Kopf und Jahr auskommen. Was bedeutet das? In einem Fall heißt das, man muss gut dämmen, in einem anderen Fall kann es ein ganz anderer Ansatz sein. Ein Beispiel: Ein Fleischesser muss dämmen, weil die Erzeugung von Fleisch viel CO_2 verursacht, ein Vegetarier muss nicht dämmen, weil er auf Fleisch verzichtet. Oder stellen wir einen Vergleich hier in Deutschland an: Auf der einen Seite steht ein Lehrer, der in einer Altbauwohnung allein auf 100 Quadratmetern wohnt und mit dem Fahrrad zur Schule fährt, auf der anderen jemand, der mit seiner M-Klasse jeden Tag 15 Kilometer zur Arbeit fährt und mit der Familie im Passivhaus wohnt. Man denkt spontan, der mit dem Auto verliert. Aber nein: ein Altbau ist energetisch betrachtet so ineffizient, das kann der Lehrer mit seinem Fahrrad niemals kompensieren. Und 100 Quadratmeter allein zu bewohnen ist auch problematisch für die persönliche Energiebilanz.

Es geht um unseren persönlichen CO_2-Fußabdruck, und der hängt zusammen mit der jeweiligen individuellen Situation. Eine Jugendstilvilla möchte ich nicht in Dämmwolle einpacken. Wahrscheinlich muss deren Nutzer verstehen, dass er sich entsprechend verhält und eben nicht so wie früher alle Zimmer heizt, sondern nur eines oder zwei. Da sind wir wieder beim Bewusstsein für Energieverbrauch und beim Verhalten des Einzelnen.

Sind Sie optimistisch, dass wir den Wandel zu mehr Energieeffizienz schaffen können?
In der Branche werden wir von Transsolar die Architekten-Flüsterer genannt. Wahrscheinlich deshalb, weil wir Ingenieure sind, die versuchen, die Position von Architekten und Bauherren zu verstehen. Wir

MERKZETTEL

1.
Den Standort des Hauses und das dortige Mikroklima vor Beginn der Bauplanung gut analysieren und möglichst viele Faktoren wie Sonnentage, Windstärke und Windrichtungen im Hausdesign berücksichtigen. Das kann viel Geld für Kühlung und Heizung sparen.

2.
Nicht mehr komplizierte Technik in ein Haus einbauen als notwendig. Moderne computergestützte Anlagen müssen oft und von teuren Spezialisten gewartet werden. Lieber einfachere Technik einbauen und so, dass auch die Bewohner gut damit umgehen können.

3.
Gut überlegen, wie viel Platz man wirklich benötigt, denn jeder Quadratmeter kostet Geld.

Der amerikanische Stararchitekt Steven Holl ist berühmt für seine poetischen Entwurfsskizzen in Form von Aquarellen. Für seinen „Horizontal Skyscraper", quasi ein liegendes Hochhaus, im chinesischen Shenzhen nahm er sich die zarten Verschattungen von Palmblättern als Vorbild und interpretierte sie in Form von gelochten Metallblenden, die großflächig das starke Sonnenlicht brechen.

versuchen bessere Häuser zu bauen, in denen Leute sich wohl fühlen und die möglichst wenig Energie und Material verbrauchen. Mein Ansatz ist: Wir müssen den Architekten der ersten Liga zeigen, dass sie ihre Architektur mit weniger Energie stärker machen können.

Dann werden es viele andere nachmachen. Nehmen sie Architekten wie Steven Holl oder Frank O. Gehry: Holl beginnt den Entwurf seiner Häuser immer mit wunderschönen Aquarellen. Da malt er jetzt auch Sonnenkollektoren und Windturbinen hinein. Und Frank O. Gehry baut gerade mit 84 Jahren sein neues Privathaus in Santa Monica als Nullenergiehaus. Er will ein „grüner Architekt" sein. Die Message vom Energieproblem ist bei ihnen angekommen, und das bedeutet: Wir können das schaffen!

PROJEKT 02 | ROOFTOP – EIN HAUS MIT FLÜGELN

Tagsüber offen, nachts verschlossen – dieses natürliche Prinzip nahm das „Team Rooftop", eine Kooperation zweier Berliner Universitäten, als Vorbild für seinen Entwurf für den Wettbewerb Solar Decathlon Europe 2014. Diesmal sollte das Haus nicht nur umweltverträglich und effizient sein, sondern auch ein Beispiel für eine gute städtische Nachverdichtung.

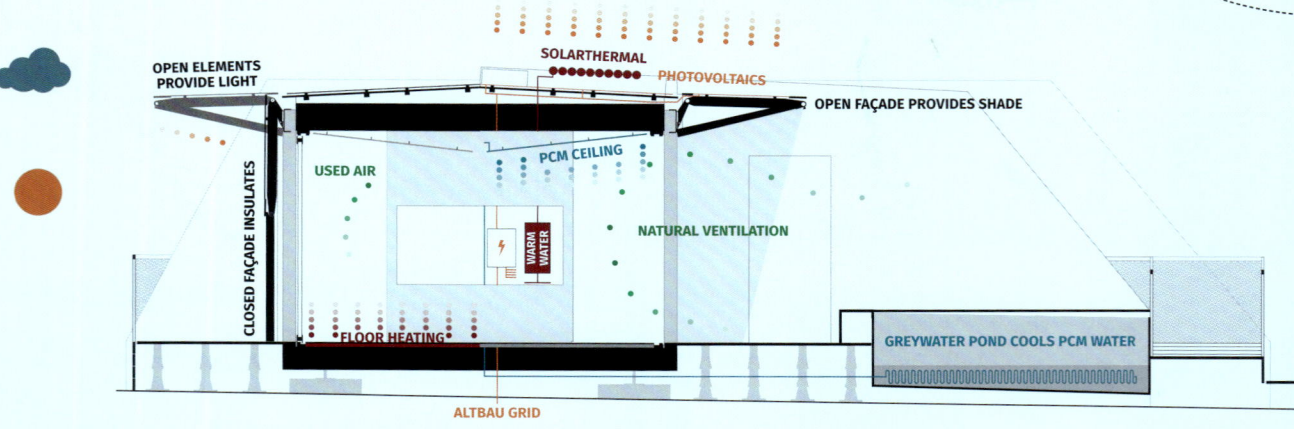

Die Fußbodenheizung wird durch eine Luft-Wasser-Wärmepumpe versorgt. Im Sommer können Phasenwechselmaterialien (PCM) an der Decke und den Außenwänden die Hitze abpuffern. Reicht der kühlende nächtliche Luftstrom im Innern nicht aus, um die PCM-Platten zu entladen, dann übernimmt das eine Kühlflüssigkeit, die durch das Schilfbeet auf der Nordterrasse zirkuliert.

Großflächige Photovoltaik erlaubt, dass das Penthouse nicht nur seinen Eigenbedarf deckt, sondern dem Altbau, auf dem es steht, auch Strom spenden kann.

ARCHITEKT
Team Rooftop der TU Berlin und der UdK Berlin

FERTIGSTELLUNG
2014

STANDORT
wechselnd

SONSTIGES
Wettbewerbshaus für den Solar Decathlon Europe 2014

Der kompakte Kern in der Mitte des Raums beherbergt Haustechnik, Küchenzeile und Bad. Drumherum öffnet sich das Haus über die drei Terrassen zur Stadt.

Die beweglichen Fassadenelemente können bei Sonne als Beschattung und in der Nacht als Dämmung genutzt werden.

Städtischer Raum ist kostbar: Entsprechend kompakt ist das Bad gebaut.

Die modulare Bauweise erlaubt kurze Aufbauzeiten: In zehn Tagen steht das Haus komplett.

ENERGIE

Manfred Hegger, Architekt und Professor für
Entwerfen und Energieeffizientes Bauen an der Technischen Universität Darmstadt, ist vielfach preisgekrönt. Seine Meinung in Sachen Energieeffizienz beim Bau setzt Maßstäbe, und das nicht erst, seit er mit seinen Studenten zusammen gleich zweimal hintereinander den *Solar Decathlon* gewonnen hat. Der „Solare Zehnkampf" ist weltweit der renommierteste Wettbewerb für energieautonome Häuser. Heggers Buch *Aktivhaus* gilt als Standardwerk der Branche.

INTERVIEW

03
HÄUSER WERDEN ZU KRAFTWERKEN

Von der schützenden Hülle zum aktiven Haus

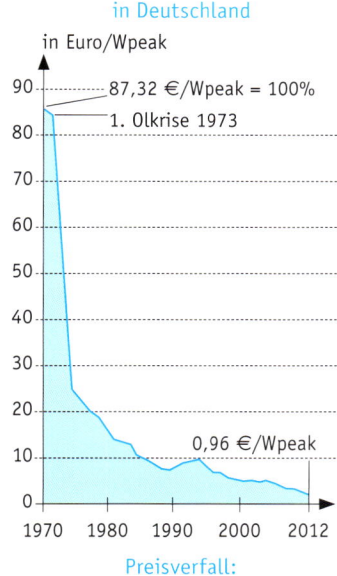

PREISVERFALL FÜR PHOTOVOLTAIK-ELEMENTE

von 1970 bis Mai 2012 in Deutschland

in Euro/Wpeak

87,32 €/Wpeak = 100%
1. Ölkrise 1973

0,96 €/Wpeak

Preisverfall:
1995–05/2012: ca. 90%
2005–05/2012: ca. 80%

Wir müssen unseren Energieverbrauch senken und die CO_2-Belastung unseres Planeten verringern. Dafür kann man sehr gut beim Bauen und Wohnen ansetzen, denn in westlichen Ländern entfällt etwa 40 Prozent des Energieverbrauchs auf das das Heizen und Kühlen von Gebäuden. Hier gibt es also jede Menge Potenzial für Verbesserungen. Seit den 1980er Jahren wird deshalb bei Neubauten und Sanierungen immer besser gedämmt. Seither hat sich auch die regenerative Energieerzeugung deutlich weiterentwickelt: Photovoltaik-Elemente sinken seit Jahren im Preis und die Wärmegewinnung aus Luft, Wasser und Boden hat sich für die Ingenieure zur Alltagstechnologie entwickelt. Manches Haus wird nun zum kleinen Kraftwerk. Ist das sinnvoll? Müssen die Bewohner jetzt gar ein Technik-Studium absolvieren? Der Darmstädter Architekturprofessor Manfred Hegger, einer der führenden Energieexperten, erläutert, was in Zukunft zweckmäßig sein wird.

Woher bekommen wir in Zukunft die Energie zum Wohnen?
Schon mit heutiger Technik kann sich ein Einfamilienhaus bestens selbst versorgen. Das geht, weil im Vergleich zur Wohnfläche viel Gebäudehülle zur Verfügung steht, die für die Energiegewinnung genutzt werden kann. Dach und Wände sind ideale Flächen zum Einfangen von Sonnenenergie. Außerdem hat man Möglichkeiten, Energie über Geothermie aus dem Boden zu produzieren oder über Wärmerückgewinnung aus dem Haus selbst. Damit ist das Einfamilienhaus ein gutes Beispiel, wie man über das Jahr seine Verbrauchsenergie aus der Umwelt gewinnen kann und auch sollte.

> »Fragen Sie nicht, was das Stromnetz Ihnen geben kann, fragen Sie sich, was Sie dem Stromnetz geben können.«
>
> Michael Braungart & William McDonough

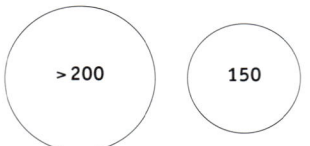

ENERGIEBEDARF

Entwicklung des mittleren Energiebedarfs in Deutschland

Heizenergiebedarf in kWh/m²a

- **>200** — 1. Wärmeschutzverordnung, ab 1978
- **150** — 2. Wärmeschutzverordnung, 1984–1995
- **100** — 3. Wärmeschutzverordnung, 1995–2002
- **70** — EnEV 2002/2004, 2002–2007
- **70** — EnEV 2007, 2007–2009
- **50** — EnEV 2009, 2009–2014
- **50** — EnEV 2014 Stufe I
- **40** — EnEV 2014 Stufe II, ab 01.01.2016

Wird das nicht schnell zu technisch für die meisten Menschen?

Aus unseren Solar-Decathlon-Häusern und weiteren Projekten haben wir gelernt, dass ein Haus sehr einfach als Energieerzeuger genutzt werden kann. Bislang beschränkte sich der Kreis der Menschen, die das wollten, auf Technik-Freaks. Das hat sich geändert. Ein Aktivhaus – so nennen wir es – erfüllt ganz selbstverständlich und wartungsarm seine Aufgaben. Die Technik sollte grundsätzlich so beschaffen sein, dass sie ihre Bewohner über ihre Wirkung und die Erträge informiert, wenn sie es wünschen. Wichtig sind der spielerische Zugang und die kinderleichte Bedienung. Wer interessiert ist oder neugierig gemacht wird, sollte intuitiv mit der Technik umgehen können, letztlich wie mit einem Schalter oder einem einfachen Spiel.

Ist das Prinzip des Aktivhauses auf Einfamilienhäuser beschränkt?

Wir bauen gerade ein städtisches Aktivhaus mit 74 Wohneinheiten in der Innenstadt von Frankfurt. Dabei behandeln wir vier zentrale Themen. Erstens: Bekommen wir den Plusenergiestandard bei so einem großen Haus überhaupt hin, denn das Gebäude soll schließlich seinen gesamten Bedarf an Heizwärme, Warmwasser und Elektrizität in der Jahresbilanz wieder einfahren. Zweitens: Wie sieht die Ökobilanz aus? Wir wollten auf keinen Fall die Vorteile im Betrieb mit einem schweren ökologischen Rucksack aus dem Bau erkaufen. Das dritte Thema ist die Elektromobilität, auch weil wir an diesem Standort in der Stadt keine Tiefgarage bauen konnten. Mit der Stadt konnten wir vereinbaren, dass dort ausschließlich Carsharing angeboten wird und eigene Parkplätze für Behinderte vorgesehen werden. Das vierte Thema ist die Schnittstelle zwischen den Bewohnern und der Technik. Die Wohnungen werden warm vermietet, d.h. auskömmliche Mengen an Warmwasser, Heizung und Elektrizität sind in der Miete enthalten. Die Bewohner sollten ihren Verbrauch entsprechend überprüfen können. Wir haben hierzu ein Werkzeug entwickelt. Auf einem Bildschirm kann man sehen, wie hoch der eigene Verbrauch ist. Liegt man im grünen Bereich oder im Durchschnitt? Oder droht eine Zuzahlung am Ende des Jahrs, die man natürlich gerne vermeiden möchte. Man kann auch erkennen, wie man mit seinem Verbrauch im Verhältnis zu anderen Mietparteien liegt. Außerdem können die Bewohner nachvollziehen, ob die Energie aus der Umwelt, dem Gebäudespeicher oder aus dem Netz kommt.

Einige Firmen bieten solche Steuerungen der Hausanlage über die Oberfläche eines Smartphones an. Ist das der richtige Weg?

Das wird auch im Stadtaktivhaus möglich sein. Ich betrachte solche Hilfsmittel nur als einen Zwischenschritt. Demnächst werden Fenster oder Türen eine berührungsempfindliche Sensorik bekommen oder wir steuern durch Gesten. Der einfache Schalter und die simple Funktionsanzeige haben weiter ihre Berechtigung. Achten sollten wir auf unsere Privatsphäre: Daten über das Verhalten der Nutzer gehören nicht in die Öffentlichkeit. Aber es wäre andererseits falsch, wegen des Datenschutzes die Technik insgesamt zu verteufeln.

Es wird gerade viel diskutiert über den Umfang der Dämmung. Mancher spricht schon von einem „Dämm-Wahn".

Ich stelle mich nachts im Winter nicht im T-Shirt auf die Straße. Ich brauche eine der Witterung angemessene Kleidung. Beim Haus nennen wir das Dämmung. Als 1977 die erste Wärmeschutzverordnungen in Kraft trat, kannten wir keine anderen

Solar-Decathlon-Häuser

Das Siegerhaus des **Solar Decathlon 2007**
Ein Aktivhaus im besten Sinne: Neben dem Dach sind auch die Lamellen der Türen flächendeckend mit Photovoltaik-Elementen bedeckt.

STANDARD-MODULE

GLAS-GLAS-MODULE

DÜNNSCHICHT-MODULE

PHOTOVOLTAIK

Das Siegerhaus des **Solar Decathlon 2009**
Zwei Jahre später nutzt das Darmstädter Team die PV-Module noch souveräner und effektiver, sowohl gestalterisch als auch zur Energiegewinnung.

Aktiv-Stadthaus Frankfurt

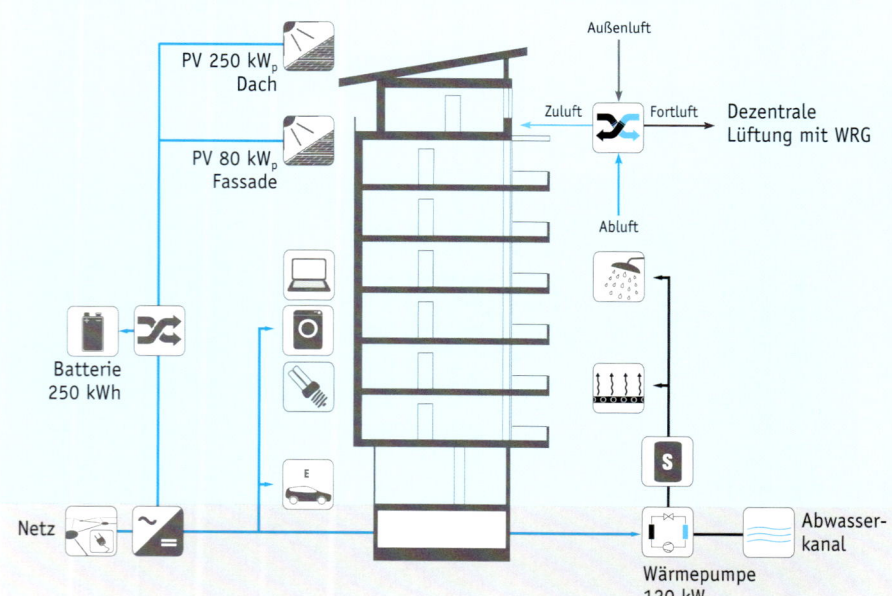

AKTIV-STADTHAUS-ENERGIESCHNITT

Indem das große Gebäude viele regenerative Energie-Quellen parallel nutzt, soll eine ausgeglichene Energiebilanz auch für ein Haus mit 74 Parteien gelingen.

Das schmale und lang gestreckte Grundstück in der Nähe des Frankfurter Hauptbahnhofs galt lange als unbebaubar.

VOM ENERGIEVERSCHWENDER ZUM AKTIVHAUS

In den vergangenen Jahrzehnten haben sich die Energiesparverordnungen deutlich verschärft. Eine Änderung dieses Trends ist nicht zu erwarten – und sicher auch nicht sinnvoll. Bauherren sollten das bei ihrer Planung berücksichtigen.

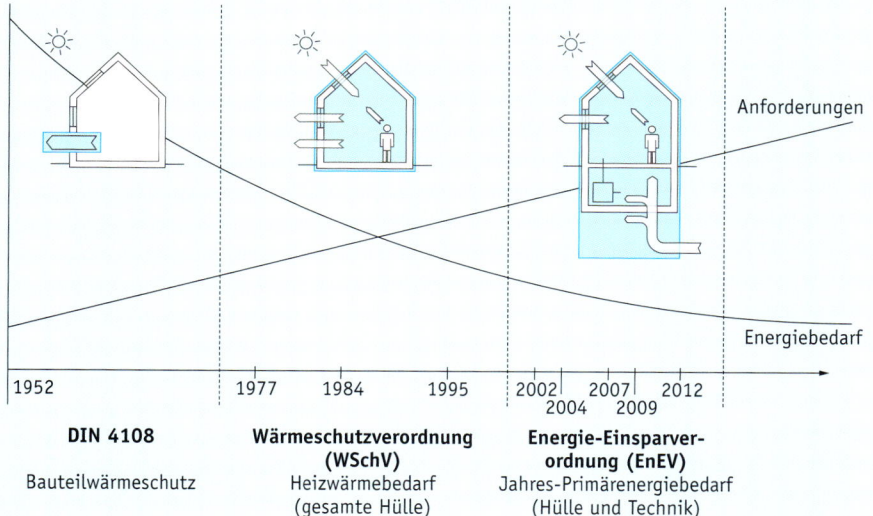

Möglichkeiten, als zu dämmen. Inzwischen können wir aber mit Häusern auch Energie erzeugen. Neue Dämmstoffe erfordern weniger dicke Wände, denn neue mineralische Stoffe besitzen bessere Dämmwerte als alles, was wir bisher kannten. Es entstehen neue Techniken und damit neue Möglichkeiten und Freiheiten. In diesem Zusammenhang steht auch die Weiterentwicklung von Speichern, sonst schieben wir zu viel Energie ins Netz oder verlieren sie.

Welche Speicher meinen Sie?

Bekannte wie auch ganz neue Technologien. Bekannt ist die Nutzung der eingebauten Baustoffe als Speicher. Besonders wirksam sind hier der Lehmbau und der Ziegelmassivbau. Neue Technologien wären sogenannte Phasenwechselmaterialien. Das sind Stoffe, die beim Wechsel ihres Aggregatzustands von fest zu flüssig sehr viel Energie speichern können und sie dann langsam wieder abgeben. In dem Temperaturbereich, der uns interessiert, also etwa 23 oder 24 °C, funktioniert das sehr gut mit Paraffin oder Salzhydratlösungen. Mit Paraffin etwa kann man in einem Putz geringer Stärke oder mit einer Gipskartonplatte eine hohe Speicherkapazität erreichen. Diese Materialien sind einfach zu verarbeiten, denn die Wachse sind mikroverkapselt. Wir haben das in unsere Decathlon-Häuser eingebaut: Damit reagieren Holzhäuser klimatisch wie Massivhäuser. Auch eine wenige Zentimeter starke Lehmplatte kann einen guten Speichereffekt erzeugen.

Wie sieht die Ökobilanz eines energieeffizienten Hauses aus? Beeinflusst der hohe Aufwand für die Installationen zur Energieerzeugung nicht die Bilanz negativ?

In der Bauphase muss sie nicht deutlich schlechter sein als bei einem konventionellen Haus, wenn ich eine bewusste Materialwahl vornehme. Da ein Aktivhaus Energie selbst produziert, steht es nach wenigen Jahren wesentlich besser da, denn es gibt nach dem Bau in der Bilanz ja kein CO_2 mehr ab. Es kann sich, wenn es Überschüsse an Strom produziert und weiterreicht, sogar in seiner Bilanz über die Jahre noch verbessern.

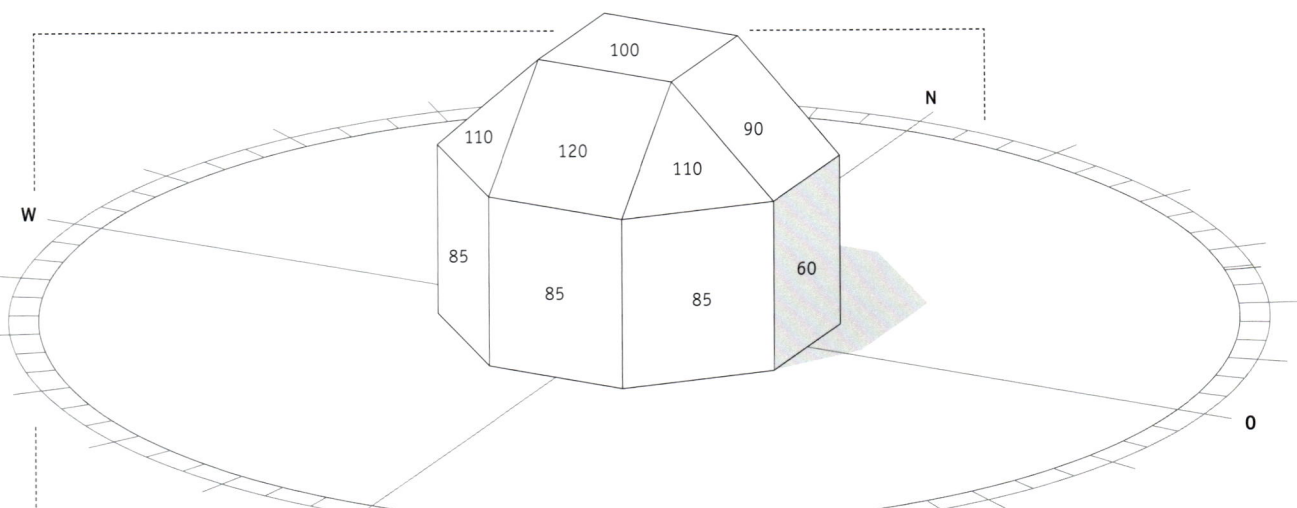

In alle Himmelsrichtungen
Photovoltaik-Anlagen müssen keineswegs immer auf dem Dach installiert sein. An Fassaden lässt sich ebenfalls Strom in nennenswertem Umfang ernten, auch wenn der Ertrag geringer ist als auf dem Dach. Die Prozent-Zahlen auf dem Haus geben an, wie effizient welche Fläche ist.

Gibt es schon ein breites Bewusstsein für diese häusliche Energie?

Wir arbeiten bei unseren Projekten eng mit Sozialwissenschaftlern zusammen, weil wir wissen wollen, wie die Menschen auf unsere Häuser reagieren. Manche sind noch skeptisch.

Aber wir wissen: Mit großtechnischen Lösungen allein, den großen Kraftwerken zum Beispiel, werden wir die notwendigen CO_2-Einsparungen nicht erreichen. Dafür brauchen wir eine nachhaltige und dezentrale Energieerzeugung in großen Teilen dort, wo die Energie auch verbraucht wird. Ich glaube auch, dass Menschen zufriedener sein werden, wenn sie die Dinge selbst in die Hand nehmen können. Die Werkzeuge dafür müssen aber einfach sein, sodass jeder damit umgehen kann und umweltfreundliche Technik auch Spaß macht.

Lohnt es sich, auch aus einem bestehenden Haus ein Aktivhaus zu machen?

Für Hamburg haben wir mit Studenten geplant, aus einem Siedlerhaus der 1950er Jahre ein Plusenergiehaus zu machen. Dieses sanierte Haus ist seit 2011 in Betrieb. Wir haben es in einer Ökobilanz mit einem Neubau verglichen und ein eindeutiges Ergebnis bekommen: Bei dem sanierten Altbau wird wesentlich weniger CO_2 frei als bei jedem konventionellen Neubau. Ein ganz wesentlicher Faktor ist, dass die Anfangsinvestition des Rohbaus wegfällt, denn in den Fundamenten und im Massivbau steckt eine Menge „grauer Energie", wie wir das nennen. Ein weiterer Faktor ist natürlich die Energieproduktion des Hauses selbst, hier über Sonnenkollektoren und Photovoltaik. Beides macht das Sanieren von bestehenden Häusern energetisch sehr interessant.

Es gibt inzwischen Sanierungskonzepte, bei denen die Bewohner im Haus bleiben können. Das ist nicht ganz schmerzfrei, aber intelligent geplant dauert es nur kurze Zeit. Dazu müssen die technischen Gewerke und die Dämmung überwiegend außen in einer neuen Hülle untergebracht werden.

Viele Menschen scheuen allerdings bislang eine Sanierung wegen der hohen Kosten. Sie glauben, sie könnten ein Haus 50 Jahre lang bewohnen, ohne es in Teilen zu erneuern. Dann kommt der Zeitpunkt, an dem viele Menschen sagen, jetzt lohnt es sich nicht mehr für mich. Zu sagen, mir ist es egal, in welchem Zustand ich mein Haus zukünftigen Generationen hinterlasse, finde ich ziemlich verantwortungslos.

FAMILIE SONNEN-STROMER

Ein deutscher Haushalt mit 4 Personen verbraucht durchschnittlich gut 4000 kWh Strom pro Jahr. Das entspricht einem CO_2-Ausstoß von 2,3 t. Um ihren Strombedarf rechnerisch mit Sonnenenergie zu decken, benötigt die Familie eine Anlage mit einer genormten elektrischen Leistung von 4 kW_p (= Kilowatt Peak), das ist die Maßeinheit für die Nennleistung der installierten Solarzellen unter standardisierten Bedingungen. In Deutschland „erntet" man übers Jahr erfahrungsgemäß pro kW_p bis zu 1000 kWh Strom. Die notwendige Fläche der Module dafür liegt in etwa bei 10 m².

Effizienzhaus Plus
Frankfurt-Riedberg

Schon die kompakte Gebäudeform und die Süd-Ausrichtung des Plus-Energie-Hauses mit 17 Wohneinheiten in Frankfurt-Riedberg sorgen dafür, dass Tageslicht, natürliche Lüftung und Sonneneinstrahlung optimal genutzt werden können. Bauherr: Nassauische Heimstätte, Wohnungsbau- und Entwicklungsgesellschaft mbH

PV-Module sind in das geneigte Dach und in die Südfassade des Gebäudes der Nassauischen Heimstätten integriert und liefern einen Stromertrag von 81.000 Kilowattstunden pro Jahr (kWh/a). Die Wärmepumpe verbraucht 15.000 kWh/a.

Beeinflusst die Energieerzeugung auch die Lage des Hauses und seine Form?

Viele haben vor zehn Jahren noch behauptet, dass wir zur Nutzung der Solarenergie ganze Stadtviertel nach Süden ausrichten müssen. Das müssen wir nicht. Wir bauen auch die Häuser nicht mit größeren Abständen, damit alle Fassaden verschattungsfrei werden.
Aber wir wollen den Menschen in ihren Wohnungen wenigstens einige Stunden pro Tag Sonne geben. Der Mensch und seine Umwelt stehen im Mittelpunkt. Die Energieversorgung muss bei den niedrigen Preisen für die erneuerbaren Energiesysteme heute nicht mehr höchste Effizienz erfüllen. Wir können Dächer voll belegen, auch Fassaden energiegewinnend ausstatten, denn die diffuse Strahlung leistet einen nennenswerten Beitrag. Man wird freier in der Gestaltung, indem man die energiegewinnende Fläche maximiert. Ich kann schon heute zu Hause Strom zu Preisen produzieren, die deutlich unter den Kosten liegen, die mir der Energieversorger in Rechnung stellt.

Hat Farbgestaltung eine Bedeutung?

Farbe spielt eine große Rolle. Helle Flächen strahlen Wärme ab, heizen insbesondere den Stadtraum weniger auf. Dunkle Flächen dagegen heizen auf. Solaranlagen sind notwendigerweise dunkel. Das gilt es zu bedenken, vor allem in Zeiten der Klimaerwärmung.

Können auch Städte oder Stadtviertel einen Beitrag zur Energieerzeugung leisten?

Städte und Stadtviertel sind, einfach ausgedrückt, Ansammlungen von Gebäuden mit unterschiedlichen Nutzungen. Wenn immer mehr von ihnen Energie erzeugen, entlastet das zunächst die regionalen und nationalen Netze. Hinzu kommt, das unterschiedliche Gebäude zu verschiedenen Zeiten viel Energie

Vom Makel zum Modellprojekt
Jahrzehntelang war der Flakbunker ein Schandfleck im Stadtbild von Hamburg-Wilhelmsburg. Die IBA verwandelte ihn 2013 in ein weltweit anerkanntes Modellprojekt zur lokalen Speicherung von regenerativer Energie.

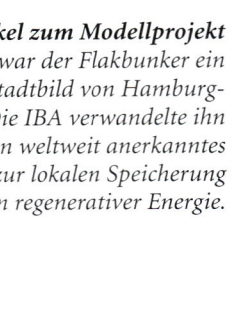

Großteile des Bunkers sind heute der Öffentlichkeit zugänglich, und auf 30 Meter Höhe kann man sich einen Kaffee servieren lassen.

Die Sonnenkollektoren an der Außenseite liefern 750 kW, eine PV-Anlage ca. 100 kW_P. Kernstück des Bunkers ist ein Großpufferspeicher, der insgesamt 2.000.000 l Wasser fasst und die Energie der Sonne auf schattige Tage „hinüberretten" kann. Das Konzept spart ca. 95 Prozent CO_2.

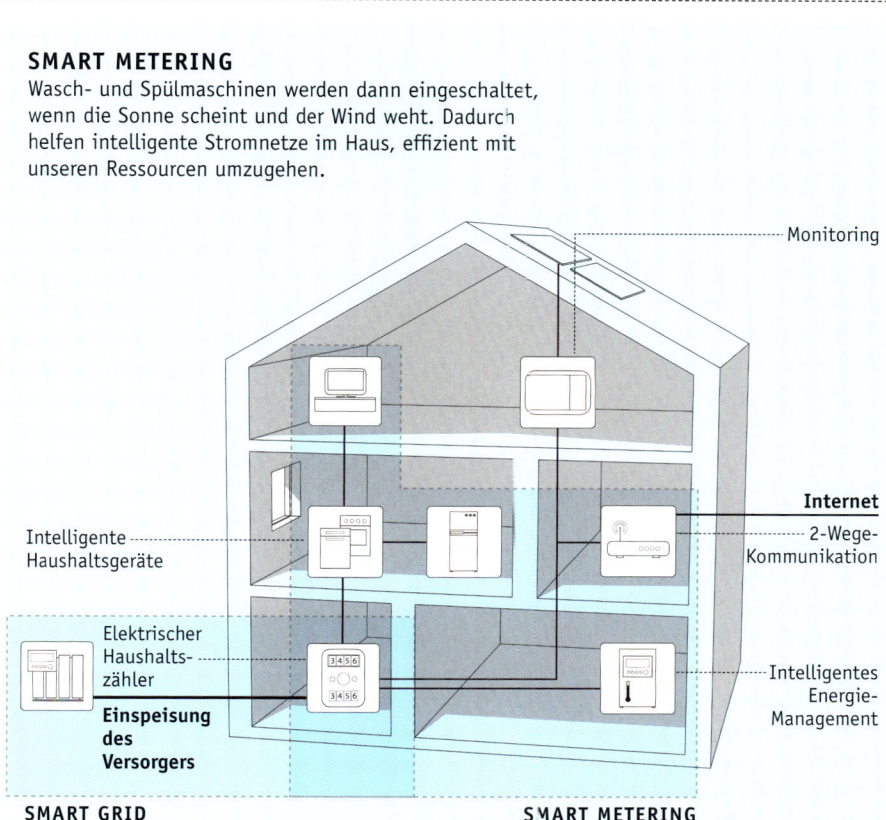

SMART METERING
Wasch- und Spülmaschinen werden dann eingeschaltet, wenn die Sonne scheint und der Wind weht. Dadurch helfen intelligente Stromnetze im Haus, effizient mit unseren Ressourcen umzugehen.

Monitoring
Intelligente Haushaltsgeräte
Internet
2-Wege-Kommunikation
Elektrischer Haushaltszähler
Einspeisung des Versorgers
Intelligentes Energie-Management
SMART GRID
SMART METERING

MERKZETTEL

1.
Wer heute baut oder saniert, sollte unbedingt die vielen Möglichkeiten der erneuerbaren Energien nutzen und möglichst ein Aktivhaus bauen, das einen Überschuss an Energie erzeugt.

2.
Erneuerbare Energien nutzt man am besten im Verbund mit anderen und mithilfe von Zwischenspeichern. Dann kann man Erzeugung und Verbrauch besser ausbalancieren.

3.
Man sollte sich genau darüber klar werden, wie viel Raum man wirklich benötigt, jetzt und in der Zukunft. Denn jeder Quadratmeter kostet nicht nur beim Bau, sondern auch später im Unterhalt.

benötigen: Arbeitsplätze in Büros oder Gewerbebetrieben zu anderen Tageszeiten als etwa Wohnungen. Damit glättet sich der Bedarf, und wir können in höherem Umfang lokal erzeugte Energie auch lokal verbrauchen. Da ein Hauptproblem der Nutzung erneuerbarer Energien heute noch die Speicherung und der Austausch ist, spricht alles für eine Betrachtung auf den Ebenen des Quartiers und der Stadt. Gebäude, Quartiere und Städte können Energie miteinander austauschen. Ich plädiere für ein Smart Grid, ein intelligentes Netz, möglichst mit einem Speicher in der Nähe. Der Energie-Bunker in Hamburg-Wilhelmsburg leistet das für seine Nachbarschaft. Er puffert erneuerbare Energien beispielsweise bei starker Sonneneinstrahlung und stellt sie dann zur Verfügung, wenn sie gebraucht wird. Der Gedanke der Vernetzung schafft auch ein neues gesellschaftliches Bewusstsein. Man muss nicht alles allein machen: Man kann auch Mitglied einer energieerzeugenden Gemeinschaft werden.

Sehen Sie noch andere Potenziale, unsere Umwelt zu schonen?
Wohnwünsche zielen heute oft auf viel Fläche: Je mehr, umso besser. Im Ergebnis bewohnen wir heute pro Kopf mehr als doppelt so viel Fläche als vor ca. 50 Jahren. Dieser Trend geht weiter. Er hat bislang alle bereits erzielten Bemühungen des energieeffizienten Bauens konterkariert: der Energiebedarf des Wohnens ist nicht gesunken. Ich würde mir wünschen, dass die Menschen in Zukunft sagen, ich brauche nicht viele Quadratmeter, ich möchte lieber tollen Raum. Ich begnüge mich mit weniger Fläche zugunsten besserer Technik und besserer Qualität. Dann kann ich auch auf lange Sicht meine Wohnung, mein Haus noch unterhalten.

PROJEKT 03 | DAS LICHT-AKTIV-HAUS

Kann ein Altbau seine Energie selbst erzeugen? Ein innen entkerntes und rundum energetisch saniertes Siedlungshaus aus den 50er Jahren in Hamburg zeigt die Möglichkeiten, die in alten Häusern stecken.

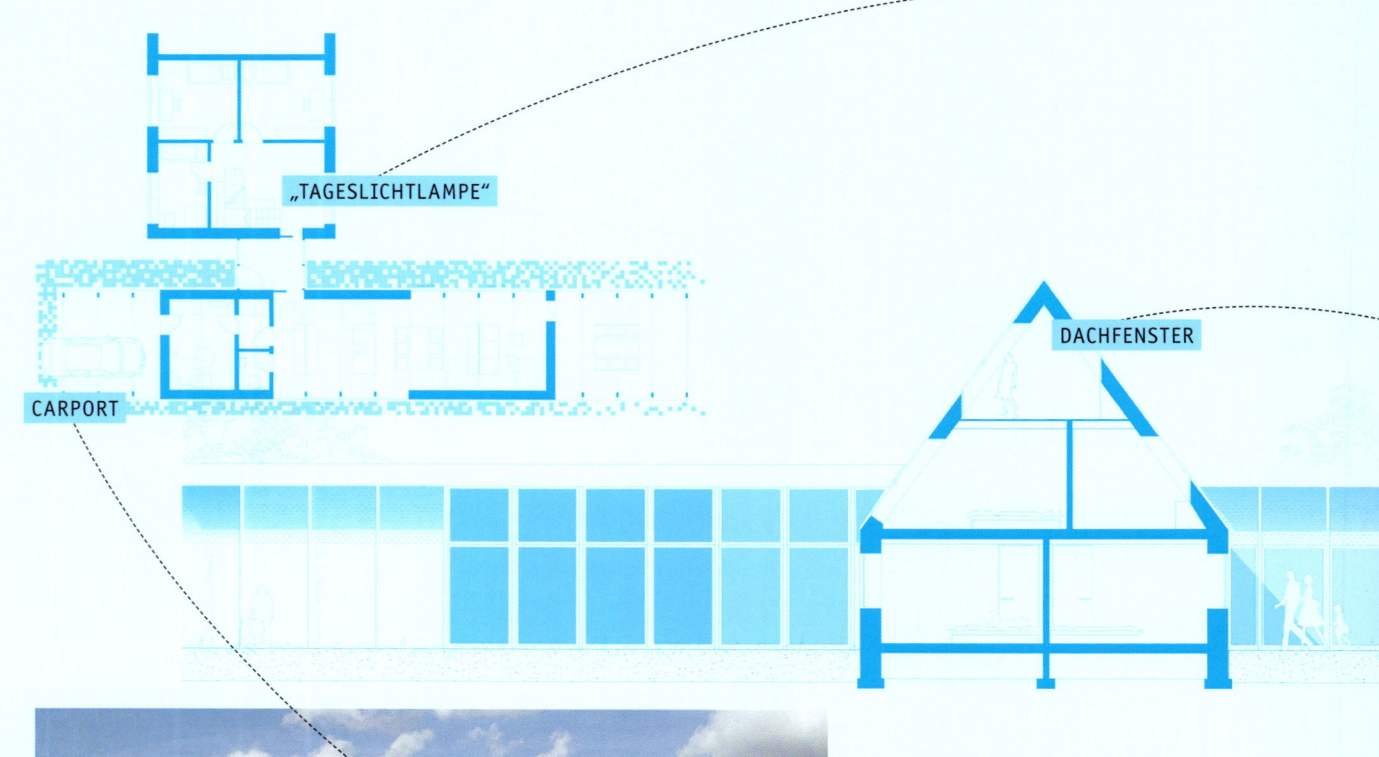

"TAGESLICHTLAMPE"

CARPORT

DACHFENSTER

»DAS FASZINIERENDE AN DER TECHNIK IST, DASS WIR DEN ENERGIEVERBRAUCH JEDERZEIT AUF DEM EINGEBAUTEN BILDSCHIRM ABLESEN KÖNNEN.«

CHRISTIAN OLDENDORF,
BEWOHNER DES LICHT-AKTIV-HAUSES

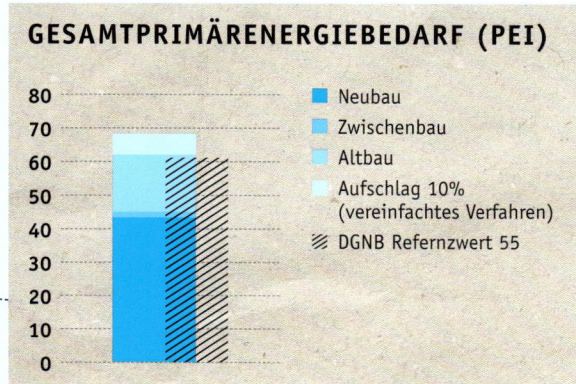

Dank intelligenter Gebäudetechnik kann der gesamte Energiebedarf für Heizung, Warmwasser und Strom ganzjährig durch erneuerbare Energien ausgeglichen werden.

ARCHITEKT	Katharina Fey
FERTIGSTELLUNG	Sommer 2012
STANDORT	Hamburg
SONSTIGES	Entkernung und energetische Sanierung zum Aktivhaus

Großzügige Fensteröffnungen sorgen für viel Tageslicht. Die Fensterfläche wurde fast verdoppelt, so entstanden tageslichtdurchflutete Räume, sodass auch an trüben Tagen auf Kunstlicht Beleuchtung verzichtet werden kann.

Vor der Modernisierung: Ein typisches Doppelhaus aus dem Jahr 1954. Das Pilotprojekt zeigt neue Wege des Wohnens bei angenehmem Raumklima, viel Tageslicht und optimaler Engergieeffizienz.

Die PV-Anlage deckt fast den gesamten Strombedarf für den Gebäudebetrieb. Überschüsse werden in das lokale Netz eingespeist.

BAUSTOFF HOLZ

Stefan Winter stammt aus einer Holzdynastie: Er selbst ist gelernter Zimmermann, sein Großvater war Förster, sein Vater Sägewerker. Er selber sagt von sich: „Holz hat mich schon immer fasziniert. Bereits als Jugendlicher habe ich in den Ferien in einem Leimholzwerk gearbeitet. Das war immer mein Werkstoff." Winter lehrt heute an der Technischen Universität München das Fach Holzbau und Baukonstruktion und gilt international als einer der führenden Experten seines Gebiets.

INTERVIEW

04
HOLZ – BAUMATERIAL MIT ZUKUNFT

Mit dem Haus CO_2 einfangen

> »Eine Tonne Holz speichert eine Tonne CO_2.«
> Michael Green, Architekt

Der uralte Baustoff Holz erfährt gerade eine Renaissance. Kein Baumaterial besitzt eine so gute Ökobilanz wie Holz. Viele Menschen schätzen das Material, denn Holz wirkt behaglich, sorgt für ein gutes Raumklima und hat eine angenehme Oberfläche. Auch die Fertighaus-Industrie verwendet gern Holz zum Bauen.
Aber hat Holz als Baumaterial auch eine Zukunft? Können wir mit modernen Methoden die Probleme des Naturmaterials, wie seine Brennbarkeit und die mangelnde Widerstandsfähigkeit gegen Feuchtigkeit, in den Griff bekommen? Prof. Stefan Winter gibt einen Überblick über die Eigenschaften eines der ältesten und weltweit wichtigsten Baustoffe der Menschheit.

Ist Holz ein Baustoff für das nächste Jahrhundert?
Mit absoluter Sicherheit, weil es weltweit der einzige verfügbare Baustoff ist, der wirklich nachhaltig ist, weil er nachwächst. Außerdem speichert Holz Kohlenstoff, sodass es im gewissen Umfang eine Kohlenstoffsenke darstellen kann. Es holt sozusagen das CO_2 aus der Luft und bindet es im Gebäude. Es ist auch der einzige Baustoff, den Sie, wenn es darauf ankommt, ganz am Ende noch energetisch verwerten können. Insofern hat er viele Vorteile. Holz hat aber auch Nachteile. Es ist ein natürlicher Werkstoff und hat damit natürliche Feinde, wie zerstörende Pilze und Insekten.

Wie kann man Holz so nutzen, dass man es nicht wie früher alle drei Jahre lasieren muss?
Der erste Trick ist, Holz so zu verbauen, dass es trocken bleibt. Wenn die Holzfeuchte dauerhaft deutlich unter 20 Prozent liegt, sind

1500 Jahre alt ist die Pagode von Horyu-Ji in Ikaruga, Japan. Das Heiligtum ist damit der älteste Holzbau der Welt und UNESCO Weltkulturerbe.

zerstörende Pilze ausgeschlossen. Die brauchen nämlich freies Zellwasser. Wir haben viele Holzgebäude, die mehr als 500 Jahre alt sind und noch weitere 500 Jahre halten werden, wenn keine Feuchtigkeit eindringt. Solange Holz trocken bleibt, passiert überhaupt nichts.

Insekten im Holz waren in den 50er und 60er Jahren des letzten Jahrhunderts auch bei uns ein relativ großes Thema, weil wir damals viele nicht ausgebaute Dachstühle mit undichten Dachdeckungen hatten. Diese Dachböden wurden kaum benutzt, sodass dort mehrere Generationen Insekten ungestört leben und Eier ablegen konnten. Die Larven haben dann das Holz zerfressen. Das gibt es heute fast nicht mehr, weil wir die Hölzer heute technisch trocknen. Durch die technische Trocknung wird die Befallswahrscheinlichkeit deutlich herabgesetzt. Wir haben 2006 nach dem Unglück in der Eislaufhalle von Bad Reichenhall mit Kollegen zusammen Tausende von Gebäuden kontrolliert. Dabei fanden sich zwar gelegentlich Mängel, aber nie ein ernsthafter Insektenbefall. Nicht ein einziges Mal! In die technisch getrockneten Hölzer gehen Insekten sehr ungern rein und in die sehr alten auch nicht mehr, weil dort die entsprechenden Nährstoffe fehlen. Viele der Hölzer sind heute auch in abgeschlossenen Wandkonstruktionen verbaut, abgetrennt durch Gipsplatten oder Holzwerkstoffplatten. Wo die freie Anflugmöglichkeit für Insekten fehlt, gibt es auch keinen Befall. Früher kamen Hölzer oft direkt aus dem Wald, sind behauen, gesägt und verbaut worden. Da hatten sie selbst beim Frischholz Insektenbefall, wenn sie Pech hatten.

Kann man mit Holz alles bauen, was man will?

Klar. Wir bauen gerade in Bad Aibling ein Haus mit acht Stockwerken. Es gibt einen 100 Meter hohen Holzturm in Hannover, den Timber Tower. Das ist eine Windkraftanlage. Im Moment planen wir in Flensburg ein zehngeschossiges Gebäude. Da überschreiten wir erstmalig in Deutschland die Hochhausgrenze. Es gibt in Vancouver Projekte des Architekten Michael Green, der bis zu 30 Geschosse bauen möchte. Das

Hohe Zimmermannskunst
Die tragende Struktur des fünfgeschossigen Holzbaus kommt ganz ohne Nägel und Schrauben aus: das Tamedia-Haus des japanischen Architekten Shigeru Ban in Zürich.

Mit acht Stockwerken ist dieses Gebäude im bayerischen Bad Aibling momentan das höchste deutsche Wohnhaus aus Holz. Lediglich der Aufzugsschacht ist eine Betonkonstruktion.

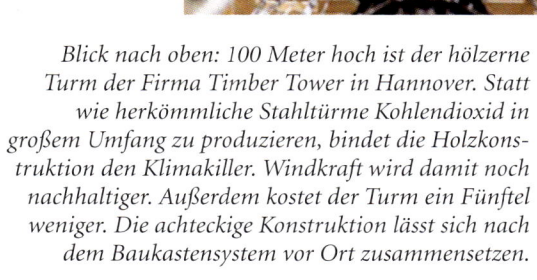

Blick nach oben: 100 Meter hoch ist der hölzerne Turm der Firma Timber Tower in Hannover. Statt wie herkömmliche Stahltürme Kohlendioxid in großem Umfang zu produzieren, bindet die Holzkonstruktion den Klimakiller. Windkraft wird damit noch nachhaltiger. Außerdem kostet der Turm ein Fünftel weniger. Die achteckige Konstruktion lässt sich nach dem Baukastensystem vor Ort zusammensetzen.

> »Holz ist der Fingerabdruck der Natur in unseren Häusern.«
>
> Michael Green, Architekt

höchste Holzhaus der Welt derzeit hat zehn Geschosse und steht in Melbourne in Australien. Es existiert dabei weder ein statisches Problem noch ein ernsthaftes Brandschutzproblem. Meine größte Sorge ist der Schutz vor Feuchtigkeit in diesen Höhen. Man muss die Fassade dauerhaft so abdichten, dass nirgends Wasser hineinläuft. Der Timber Tower zum Beispiel ist mit einer Folie eingewickelt. In dieser Folie steckt ein elektronisches Feuchtigkeitsmess-System, das warnt, wenn es ein Leck gibt.

Also brauchen Sie neben dem Naturmaterial Holz viel Technik?
Nicht mehr als bei anderen Baumaterialien. Natürlich hilft Technik, vor allem aber braucht man eine sinnvolle und robuste Konstruktion. Oft ist auch der Verbund mit anderen Materialien sinnvoll, zum Beispiel mit Beton oder mit Gips. In dem achtgeschossigen Haus in Bad Aibling besteht das Treppenhaus aus Beton. Direkt daneben steht ein viergeschossiges Gebäude, bei dem sogar der Aufzugsschacht aus Holz gebaut wurde. Bei einem neuen achtstöckigen Projekt sind die Treppenhäuser in Massivholz geplant. Natürlich mit entsprechender nicht brennbarer Beplankung aus zwei Gipsfaserplatten, weil es in den Fluchtwegen innen keine Brandlasten geben darf. Die Entwicklung geht dahin, auch die Treppentürme aus Holz zu bauen.

Wie sehen Sie in der Zukunft die Oberflächenbehandlung von außen verbautem Holz?
Am liebsten gar nicht. Unbehandelte Lärche wird allerdings im Laufe der Zeit grauer. Das mögen viele Leute nicht. Deshalb kann man mit wasserbasierten Lasuren so eine Vergrauung auch vorwegnehmen, dann wird das gleichmäßiger. Richtig ist aber, dass wir das Holz am liebsten gar nicht behandeln. Wenn ich es nämlich gleichzeitig als Ressource für zukünftige Generationen ansehe, dann soll es so naturbelassen wie möglich sein. Aus optischen Gründen wird eine Holzfassade natürlich häufig mit einer Farbe behandelt. Zum Schutz des Holzes ist das eigentlich nicht nötig. Der Trick ist: bloß nicht hobeln! Nur so entsteht eine gute Verzahnung zwischen Farbe und Oberfläche. Ich selbst habe Projekte aus dem Jahr 1994, wo die Farbe, bis auf Kleinigkeiten, nach wie vor tipptopp in Ordnung ist.

Sind Sie eigentlich Forscher oder arbeiten Sie selbst auch viel an Bauprojekten?
Ich mache beides, weil sich das gut ergänzt. Ein wichtiger Arbeitsbereich, bei dem sich das überlappt, ist zum Beispiel die Sanierung von bestehenden Bauten. Dafür haben wir hier an der Hochschule zusammen mit unseren Kollegen von der Architektur und der Vermessungstechnik das „TES EnergyFacade"-System entwickelt. Dazu vermisst man mit einem Laserscanner in Kombination mit Fotogrammmetrie Fassaden präzise und preiswert. Dann digitalisiert man sie, um die notwendige Maßgenauigkeit im Aufmaß zu haben. Aus den Daten entstehen individuelle Fassadenelemente, die vorproduziert und dann vor bestehende Gebäude gesetzt werden. Mit den so vorgefertigten TES-Holzelementen können in sehr kurzer Zeit Bauten energetisch saniert werden. Unter anderem wurde so ein 1970er-Jahre-Wohnblock in der Grüntenstraße in Augsburg instand gesetzt. Die vorgefertigte Holzfassade konnte dort ohne die Verwendung von Dämmstoffen auf Kunststoffbasis, wie Polystyrol, gebaut werden.

Das bedarf einer sehr klugen Technik.
Ja. Man erstellt sich erst ein komplettes digitales Gebäudemodell und fertigt danach. Holzbau ist diejenige Bauart, die die größte Präzision in der Fläche besitzt. Computer-

Energetische Modernisierung mit dem TES-Energy Facade System: Nach der detailgenauen Vermessung des Bestandsbaus (1) mit dem Laserscanner (2) erfolgen die Planung und der Entwurf am Computer (3, 4). Die großformatigen Fassadenteile werden bereits mit Anschlüssen und Fenstern in hoher Präzision in der Fabrik vorgefertigt (5). Das verkürzt die Bauzeit vor Ort erheblich (6). Das fertige Gebäude von Lattke Architektenin der Augsburger Grüntenstraße (7).

ENERGIE & MATERIAL — BAUSTOFF HOLZ — STEFAN WINTER

Wie ein hölzernes Ufo mitten in der Altstadt von Sevilla wirkt der „Metropol Parasol" von Jürgen Mayer H., das neue Wahrzeichen der spanischen Stadt. Mit seiner riesigen Dimension von 150 Metern Länge, 70 Metern Breite und 26 Metern Höhe gilt es als größte Holzkonstruktion der Welt. Unten bilden die hölzernen Pilze eine schattige Plaza, oben eine fantastische Aussichtsplattform.

Rechte Seite: Das EXPO-Dach des Münchener Architekten Thomas Herzog in Hannover überspannt mit seinen zehn großen Holzschirmen eine Fläche von 16.000 Quadratmetern.

MERKZETTEL

1.
Am besten die Oberflächen nicht behandeln, dann bleibt Holz am natürlichsten und kann später besser wiederverwendet werden.

2.
Verbautes Holz immer gut gegen Feuchtigkeit schützen, dann braucht man keinen weiteren Holzschutz. Ausnahme: Holzfassaden aus kleinteiligen Brettwaren oder Spezialplatten.

3.
Im Zweifel mit einer technischen Kontrolle für Feuchtigkeit arbeiten.

---

gesteuert ist Holz auf 0,1 Millimeter genau zu bearbeiten, und das in halbautomatisierten Fertigungen. Das führt auch gleich zu meiner wichtigsten Sorge im Moment: Wir haben eine große Nachfrage, aber uns fehlen so ein bisschen die Löffel zum Breiessen. In ganz Europa gibt es im Moment nicht genügend leistungsfähige Holzbaubetriebe, die Großprojekte zuverlässig abwickeln. In Deutschland sind das vielleicht 10 oder 20 Unternehmen. Ich könnte aber 50 gebrauchen. Das ist ein echtes Problem. Unser eigentlich sehr gutes Zimmererhandwerk wird sich da aber sicher weiterentwickeln, z.B. haben sich inzwischen mehrere Kooperationen mittelständischer Holzbaubetriebe ergeben – eine gute Entwicklung.

Entwickeln sich solche Unternehmen denn immer aus Zimmereibetrieben heraus?
Wir haben auf der einen Seite den Fertigbau und auf der anderen haben wir Unternehmen, die aus dem Zimmereibetrieb kommen und die mit Halbautomatisierung sehr flexibel und präzise fertigen können. Die Fertighausbauer haben häufig nur eine Wandstraße, auf die dann nur 2,75 Meter hohe Wände passen. Das ist ihr System. Wir brauchen aber auch mal eine Wand, die 3,50 Meter hoch ist, oder eine nur 2,50 Meter hohe Wand. Diese Flexibilität ist selten, wird aber auch im Fertigbau häufiger. Das resultiert auch aus der Geschichte des Holzbaus: Sie dürfen nicht vergessen, dass die Bauordnung in Europa vor 20 Jahren in vielen Ländern nur Holzhäuser mit maximal zwei Geschossen erlaubt hat. Höhere Bauten waren früher schlichtweg verboten. Wenn jemand 1978, als ich Zimmerer gelernt habe, gesagt hätte „Baut mal ein achtgeschossiges Holzhaus", hätte ihm der Meister nur einen Vogel gezeigt. Das gab es überhaupt nicht. Drei Geschosse waren das höchste der Gefühle. Da hat sich, auch durch unsere Forschung und Entwicklung, viel getan. Aber jetzt steigt allmählich die Bauindustrie ein. Die großen Unternehmen sagen: Hoppla, dieser Baustoff, der entwickelt sich, da wollen wir in Zukunft mitmachen.

Kann man eine energetische Sanierung von Holzfassaden auch selber angehen?
Das geht handwerklich gut, indem man – auch in Eigenleistung – beispielsweise auf ein bestehendes Einfamilienhaus 16 bis 20 Zentimeter breite Holzrahmen aufschraubt und die Zwischenräume dämmt. Darauf wird außen eine Platte und eine hinterlüftete Fassade angebracht.

Der Klimawandel wird uns in unseren Regionen andere Baumarten und damit andere heimische Hölzer bringen. Was bedeutet das für den Holzbau?
In Deutschland passiert ein Waldumbau hin zu deutlich mehr Laubhölzern. Und wir bewegen uns weg von Monokulturen hin zu Mischwäldern. Wir wissen also, dass sich unser Rohstoffangebot in den nächsten 20 bis 30 Jahren deutlich verlagern wird, weg von den heute dominierenden Nadelhölzern wie Fichte und Tanne, hin zu mehr Laubholz, insbesondere zu Buche, Esche, Erle und Kastanie. Wir haben schon angefangen, darauf zu reagieren. Es gibt inzwischen eine Zulassung für Brettschichtholz aus Buche. Die Laubhölzer lassen sich nur nicht so gut mit den herkömmlichen Methoden verarbeiten. Wir werden deshalb in Zukunft mehr Sperrholz und Furnierschichtholz herstellen, wir werden eine Veränderung der Sägetechnologie erleben und wir arbeiten an der Verklebbarkeit dieser Hölzer, weil sie andere Inhaltsstoffe haben, andere Oberflächenstrukturen, andere Dichten und andere Härten. Wir wissen, dass eine große Welle anderer Hölzer auf uns zukommt.

PROJEKT 04 | HAUS FÜR GUDRUN

Holz, Holz, überall Holz: Vorarlberg gilt in Europa als Paradeland für diesen uralten Baustoff, oft sind Wald, Sägewerk und Bauplatz nur wenige Kilometer entfernt. Überall finden sich kluge Lösungen mit Architekten, Handwerkern und Materialien aus der Region. Genau so ist das „Haus für Gudrun" entstanden – und mit viel Eigenleistung.

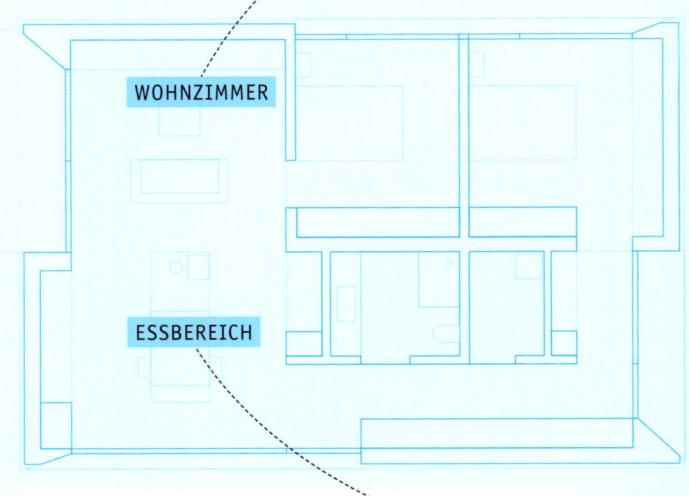

> »DAS HAUS HAT ZWEI CHARAKTERE: NACH WESTEN HIN IST ES OFFEN UND HOLT DEN AUSSENRAUM INS GEBÄUDE. DIE KLEINEN FENSTER HINGEGEN SCHAFFEN INTIMITÄT.«

SVEN MATT, ARCHITEKT

ARCHITEKT	Sven Matt
FERTIGSTELLUNG	2010
STANDORT	Mellau
SONSTIGES	Holzhaus in Ständerbauweise

Die offene Architektur, das zum Sonnenuntergang hin üppig dimensionierte Fenster und die zahlreichen Einbauten lassen das nur 85 Quadratmeter große Haus großzügig wirken.

Außen Fichte und innen unbehandelte Weißtanne: Die einheitliche Materialgestaltung strahlt Ruhe aus, genau das, was sich die Bauherrin wünschte.

Die offene Westseite mit großem Fenster und der Terrasse.

Eine sparsame Möblierung tut das Ihre, das Haus größer erscheinen zu lassen.

NEUE MATERIALIEN & TECHNIKEN

Science Fiction mit Hand und Fuß: Für die europäische Weltraum-Agentur entwarfen die Architekten von Foster und Partner ein Verfahren, kuppelförmige Häuser auf dem Mond zur drucken – mithilfe eines mobilen Printers und unter anderem aus Mondstaub

05
MIT MONDSTAUB BAUEN UND HÄUSER DRUCKEN

Besuch im Architekturbüro Foster und Partner in London

Die Suche nach dem Bauen in der Zukunft führt unversehens auf den Mond. Doch keine Sorge: Es ist nur eine Zwischenlandung. Das Büro des Architekten Lord Norman Foster und seiner Partner entwickelt für die ESA, die Europäische Weltraum-Agentur, ein Verfahren, um auf dem Mond Gebäude für Astronauten zu bauen. Der Materialtransport zu unserem Trabanten ist teuer: 1 Kilogramm Weltraumfracht kostet leicht viele Zehntausend Dollar. Deswegen war gefordert, mit lokalem Baumaterial zu arbeiten, mit Mondstaub. Stefan Behling, Senior Partner bei Foster, erklärt das Konzept: „In einer Kapsel wird ein leichtes Zelt auf den Mond transportiert und dort zu einer Halbkugel aufgeblasen. Über diese Membran druckt dann ein großer, fahrbarer 3D-Printer in vielen Schichten eine feste Kuppel aus Mondstaub. Gebunden wird der Staub mit einem speziellen Salz. Am Ende entsteht eine harte, steinartige Masse." Sie dient als Lebensversicherung für die Astronauten dort oben, als fester Schutzschild gegen kleine Meteoriten, gegen die intensive Strahlung und die extremen Temperaturschwankungen.

Noch ist das alles ein Konzept. Man wird sehen, ob Menschen in ein paar Jahren auf dem Mond bauen werden. Stefan Behling erwartet aber mehr von der Mond-Technologie. „In Zukunft werden wir immer mehr Roboter auch auf den irdischen Baustellen sehen. Ich kann mir das 3D-gedruckte Haus schon vorstellen. Die Elite der Bauindustrie entwickelt das gerade. Bereits heute kann ich meine Daten aus dem Entwurfsbüro drahtlos an eine Maschine auf der

Mit modernen 3D-Druckverfahren lassen sich die komplexesten Formen herstellen – auch für den Bau.

Baustelle schicken und eine computergesteuerte Maschine fräst das Werkstück dort genau so aus, wie ich es am Bildschirm entworfen habe. Morgen wird es ein 3D-Printer drucken."

Der Architekt deutet auf einen Betonklotz am Boden. Der Klotz besteht aus einigen Lagen von Betonwülsten, die übereinander gestapelt sind und innen Hohlräume bilden. Ein wenig erinnert die Form an die Töpferarbeit eines Grundschülers, allerdings in XXL. „Das ist ein Muster für eine 3D-gedruckte Wand. Eine Betonpumpe an einem Roboterarm druckt diese Strukturen mit schnell trocknendem Beton quasi direkt aus dem Computer heraus. In den Hohlräumen zwischen den Wülsten lassen sich die Armierung und die Haustechnik unterbringen. Wenn wir so bauen, dann benötigen wir keine teuren Wandverschalungen mehr." In dieser Technik liegt ein wichtiges Stück Zukunft des Bauens, davon ist Stefan Behling überzeugt.

Ein junger Ingenieur hinter Stefan Behling strengt gerade sein Gehirn an: Es klingt unglaublich, aber mithilfe seiner Hirnströme, und nur damit und ohne Berührung der Tasten, verändert er die Form eines Tragwerks im Computer. Der virtuelle Balken auf dem Bildschirm wölbt oder streckt sich ganz nach dem Willen seines Designers. Behling lächelt über das verblüffte Gesicht des Besuchers. „Das könnte man so auch mit einem realen Bauteil machen. Man müsste es nur hinten an den Computer anschließen. Ich habe keine Ahnung, wohin das führt. Aber ich muss wissen, dass es das gibt. Wir sind hier gefordert, immer wieder etwas Neues auszuprobieren. Auch Fehlversuche sind interessant. Daraus lernen wir! Immer wieder kommen Bauherren zu uns und wollen wissen: Was ist das Nächste? Wir planen nicht nur Häuser. Wir sind gefordert, integriert zu denken.

Wir planen nicht ein Tragwerk und bauen das. Wir müssen über alles, was gerade in der Welt passiert, Bescheid wissen."

Im Foyer des Büros steht ein Aquarium: darin das Modell des neuen Hauptquartiers des Medienunternehmers Bloomberg. Das ganze Gebäude, so planen die Architekten, soll natürlich belüftet werden. „Durch Bronzeelemente an der Außenfassade strömt die Luft ein und steigt im Atrium auf. Aber es ist nicht der Wind, der sie treibt, sondern vor allem die Körpertemperatur der Mitarbeiter und der Computer und der daraus resultierende Luftstrom. Leider gibt es im Moment keine Software, die so etwas zuverlässig simulieren kann. Nicht einmal der Windkanal der Leute, die für die Formel 1 die Aerodynamik untersuchen, reicht dafür aus. Deshalb haben wir ein Modell gebaut, in dem wir die Thermik mit Flüssigkeit simulieren, ein Aquarium, in dem das Haus steht. Das Aquarium wird mit einer Salzlösung gefüllt. Innen sind Heizdrähte, die die Wärmequellen simulieren. Von der Seite wird Tinte eingespritzt. Dann sehe ich, wie die Tinte aufsteigt. Die Flüssigkeit verhält sich ganz ähnlich wie Luft. Ich simuliere also mit der Tinte die Luftströmungen im Atrium. Je komplexer unsere Gebäude werden, desto öfter müssen wir Computersimulationen und reale Abläufe miteinander abgleichen."

Nur wenige Schritte vom großen Saal der Architekten entfernt liegt die Material-Bibliothek des Büros. Wände und Regale sind üppig gefüllt, denn die Materialwissenschaften boomen: Fast im Wochenrhythmus kommen neue Stoffe auf den Markt. Hier lagern mehr als 19.000 verschiedene Muster von relevanten Baumaterialien, erfasst nach ihren spezifischen Eigenschaften und im Computer aufgelistet. Hunderte unterschiedlicher Glasqualitäten,

{ **19.000** verschiedene Muster von relevanten und neuen Baumaterialien führt das Architekturbüro Foster und Partner in seiner Materialbibliothek. Tendenz: schnell anwachsend. }

Büro für Weltarchitektur

Foster und Partner zählt zu den größten und innovativsten Architekturfirmen auf dem Planeten: Mehrere hundert Architekten, Ingenieure, Materialwissenschaftler, Physiker und Mathematiker arbeiten allein im Londoner Hauptsitz, einer lichtdurchfluteten Kathedrale des Bau-Wissens am südlichen Ufer der Themse. Es gibt zahlreiche weitere Filialen in Europa, Amerika und Asien. Die Liste der großen Projekte scheint fast endlos: Flughäfen, Sportstadien, Bahnhöfe, Brücken, Hochhäuser, Opernhäuser, Museen, aber auch Verkehrskonzepte für Metropolen und immer wieder interessante Wohnhäuser.

So könnte eine Baustelle für ein Einfamilienhaus bald aussehen: Ein großer 3D-Printer auf Schienen druckt die Wände aus Beton. Material-Muster (Bild rechts) gibt es bereits.

Der Innovator

Stefan Behling arbeitet seit mehr als 25 Jahren bei Foster und Partner in London, seit 2004 ist er dort Senior Partner und unter anderem verantwortlich für neue Methoden des Entwerfens und für die Suche nach innovativen Materialien. Parallel lehrt er als Professor für Baukonstruktion und Entwerfen an der Universität in Stuttgart. Zu seinen bekanntesten Projekten zählen der Reichstag in Berlin, das Hochhaus der Commerzbank in Frankfurt und das Lenbachhaus in München. Aktuell baut Stefan Behling unter anderem am Apple Campus in Cupertino, Kalifornien.

Respektvollen Umgang mit der alten Bausubstanz und gleichzeitig ein Spiel mit dem Material Messing zeigt der Erweiterungsbau des Lenbachhauses in München.

Wie Bücher in einer Bibliothek sind bei Foster und Partner Muster von den unterschiedlichsten Baumaterialien gesammelt.

Metalle, Folien, Bleche, Röhren, verschiedene Betonsorten mit zig Oberflächen-Varianten bis hin zum transparenten Beton, verschiedene Hölzer in unzähligen Bearbeitungen. Dazwischen Beispiele von unterschiedlichen Oberflächen, wie gelasertes Glas, das sich zum Verschatten gut eignet, oder Gläser, die je nach Temperatur ihre Transparenz ändern.

„Wir möchten alles haben, was im Bereich Bauen nützlich ist", sagt Behling. Mehrere Mitarbeiter kümmern sich ausschließlich um die Recherche für neue Baustoffe. Regelmäßig sind Experten und Erfinder in der „Material Library" des Büros zu Gast und tragen den Architekten vor, was ihre Materialien können, wofür sie sich eignen und was sie kosten. Gerade war ein Marmor-Spezialist aus Carrara hier und hatte seinen „Michelangelo des 21. Jahrhunderts" vorgestellt: eine Diamantsäge an einem Roboterarm, mit der völlig neuartige dreidimensionale Steinbearbeitungen und Formen möglich werden. Behling schwärmt noch: „Nur sehr wenige Menschen erfinden etwas komplett Neues. Doch eine detailgenaue Verbesserung oder eine innovative Anwendung kann neue Horizonte im Bau erschließen."

Ein großes Foto in der Material-Bibliothek zeigt eine unscheinbare Brücke, über die ein schwerer Lkw fährt: „Das ist ein Beispiel für ein Bauwerk der Zukunft. Sie wiegt nur ein Fünftel einer vergleichbaren Brücke und besteht überwiegend aus Holz, glasfaserverstärktem Balsaholz." Mit Balsaholz bauen sonst Kinder gern ihre kleinen Modellflieger. Der Architekt ist überzeugt davon, dass ein guter Weg in die Zukunft des Bauens über solche Materialien führt: natürliche, am besten kompostierbare Stoffe, die je nach Anwendung neu und clever kombiniert werden. „Naturverbundstoffe können mit innovativen Verfahren und ausgeklügelten Formen zu neuen Konstruktionen und Anwendungen führen, zu einer besseren Isolation ohne Gifte oder auch zu größeren Spannweiten. In der Automobilindustrie hat man damit schon begonnen."

Solches Denken nennt er Integriertes Design: Die Anforderungen an ein Bauwerk, sein Material und die Art und Weise seiner Herstellung müssen sich gemeinsam entwickeln. „Innovation muss überall sein: im Modellbau, beim Zeichnen, in den Materialien, in der Gestaltung des Tragwerks und in der Planung der Energieverläufe. Alles muss gemeinsam vorrücken. Es geht darum, leistungsfähigere Strukturen mit immer weniger Material zu bauen. Der große Architekt Buckminster Fuller hat das auf den Punkt gebracht: Do more with less! Mehr schaffen mit weniger Materialeinsatz. Am Anfang stehen erneuerbare Energien und nachhaltige Materialien. Schon die Grundlagen eines Baus müssen gut verträglich für die Umwelt sein. Wer mit giftigen Materialien beginnt, hat es schwer, daraus später ein gutes Gebäude zu erstellen. Dafür brauchen wir die besten Köpfe: Architekten, Materialwissenschaftler, Bauingenieure, Klimatechniker. Mit Computern ergeben sich unzählige neue Möglichkeiten. Roboter können Dinge bauen, die man bisher nicht bauen konnte."

> »Es gibt keine Materialien ohne Emissionen und Gerüche. Nicht alle Stoffe, die in die Luft diffundieren, sind schädlich.«
>
> **Andrea Burdack-Freitag,**
> **Fraunhofer Institut für Bauphysik**

Innovative Materialien

Kaum eine Wissenschaft schreitet im Moment so schnell voran wie die Entwicklung neuer Materialien. Immer neue Eigenschaften werden kombinierbar, immer mehr rückt die Umweltverträglichkeit in den Fokus der Forscher und immer smarter werden die Materialien, die Architekten und Designern als Baustoffe angeboten werden.

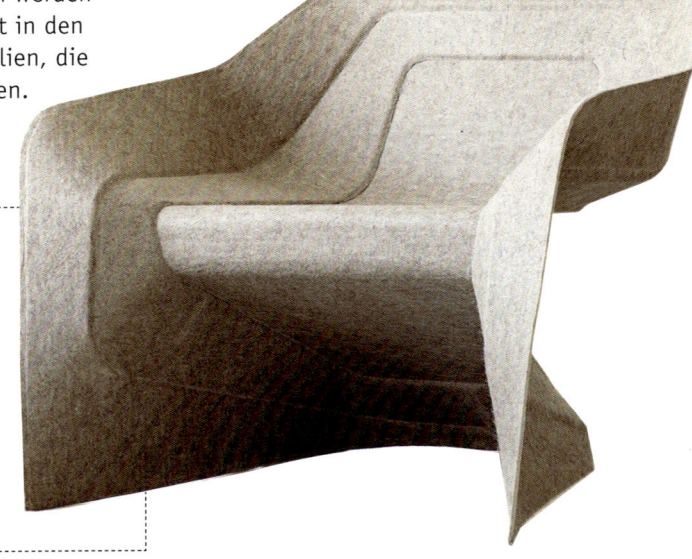

Fest, natürlich und einfach zu produzieren: der Hemp Chair

NATUR STATT PLASTIK

Die langen Naturfasern der Hanfpflanze und des Malvengewächses Kenaf bilden die Basis für einen neuen Verbundwerkstoff, der durch Verpressen mit einem wasserlöslichen und umweltverträglichen Bindemittel eine hohe mechanische Belastbarkeit erhält. Daraus entstand für den italienischen Möbelhersteller Moroso ein leichter, stabiler und umweltverträglicher Sessel, der „Hemp Chair".

Duschen im Grünen – noch eine Vision in den Hansgrohe-Ausstellungsräumen.

NEBELFÄNGER

Duschen bringt Wasser und Feuchtigkeit in die Wohnung. Der Berliner Designer Werner Aisslinger hat ein Bad entworfen, in dem Textilien den Nebel auffangen und an Zimmerpflanzen weiterleiten. Der Stoff wurde ursprünglich entwickelt, um in trockenen Wüsten Trinkwasser aus morgendlichem Nebel zu gewinnen.

HOLZSCHAUM FÜR DEN KLIMASCHUTZ

Das Fraunhofer Institut für Holzforschung hat ein Verfahren entwickelt, mit dem sich Schaumstoff aus Holzpartikeln herstellen lässt – ein hundertprozentiges Naturprodukt aus nachwachsenden Rohstoffen. Das leichte Material lässt sich sowohl zu Hartschaumplatten als auch zu elastischen Schaumstoffmatten weiterverarbeiten und genauso einsetzen wie herkömmliche Kunststoffschäume.

*Umweltfreundliche Zukunft:
Bambus als Armierung im Beton*

BAMBUS STATT STAHL

Stahlbeton ist aus dem Bau von heute nicht wegzudenken. Aber morgen vielleicht. Denn Bambusfasern könnten die Stahlarmierungen ersetzen. Stahl benötigt für seine Herstellung große Mengen an Energie, ist schwer und kann korrodieren. Bambus dagegen ist ein nachwachsender Rohstoff, leicht und verfügt über eine gute Zugfestigkeit.

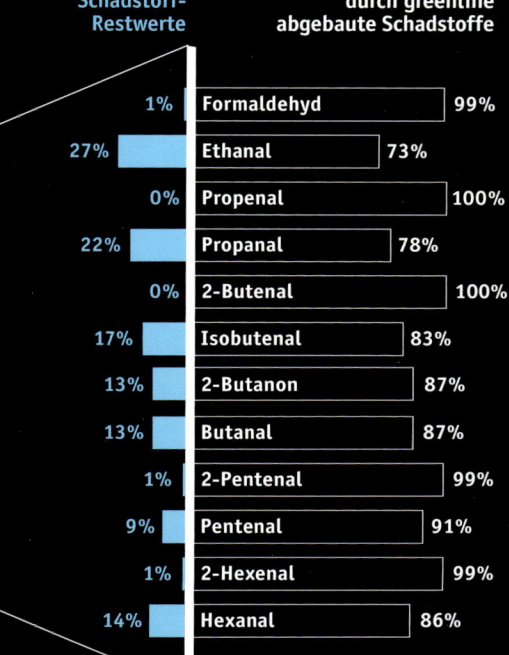

Schadstoff-Restwerte		durch greenline abgebaute Schadstoffe
1%	Formaldehyd	99%
27%	Ethanal	73%
0%	Propenal	100%
22%	Propanal	78%
0%	2-Butenal	100%
17%	Isobutenal	83%
13%	2-Butanon	87%
13%	Butanal	87%
1%	2-Pentenal	99%
9%	Pentenal	91%
1%	2-Hexenal	99%
14%	Hexanal	86%

ENERGIESPEICHER PCM – IM VORHANG

Phase Change Materials (PCM) oder auch Latentwärmespeicher sind Materialien, die durch die Änderung ihres Aggregatzustands Energie aufnehmen und zeitversetzt wieder abgeben können. Im „Smart Material House" von Zillerplus Architekten auf der Hamburger IBA wurden PCMs auf der Südseite in Vorhängen verwendet. Sie dienen dort als Wärmepuffer, um bei Sonneneinstrahlung Temperaturspitzen abzufangen. Der „leichte" Vorhang dient so als Ersatz für „schwere" Baumassen in Form von dickeren Wänden.

DAS SCHAF IN DER WAND

Die Gipsfaserplatte „fermacell greenline" nimmt in der Raumluft enthaltene gesundheitsschädliche Stoffe wie Formaldehyd auf und bindet diese. Die Wirkung beruht auf Keratin, einem Faserprotein, das unter anderem Bestandteil von Schafwolle ist. In einem natürlichen Prozess werden die Schadstoffmoleküle dauerhaft in unschädliche Stoffe umgewandelt.

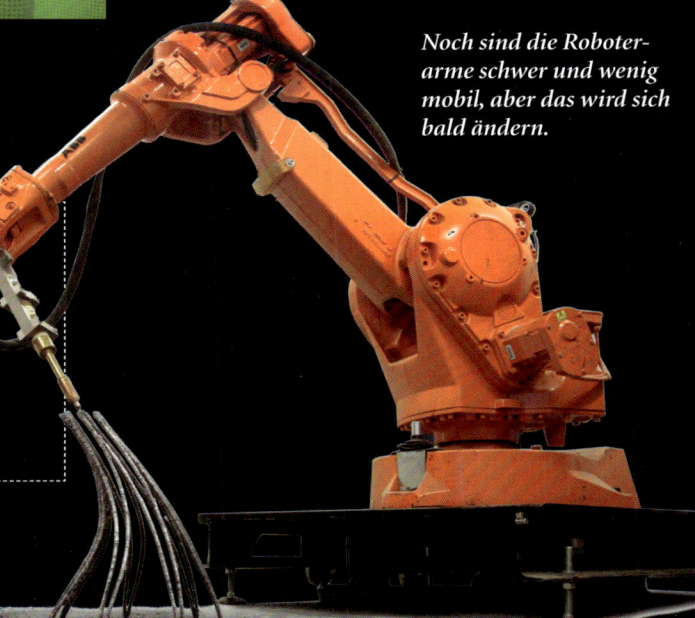

Noch sind die Roboterarme schwer und wenig mobil, aber das wird sich bald ändern.

METALL DRUCKEN IN 3D

Frei im Raum eine tragende Metallstruktur konstruieren, direkt aus dem Computer. Das preisgekrönte niederländische Joris Laarman Lab stellte im Mai 2014 einen Roboter vor, der das kann. Fortsetzung in Zukunft sicher – demnächst in den Designstudios der Welt und auf zahlreichen Baustellen.

PROJEKT 05 | BIQ – DAS ALGENHAUS

Das fünfgeschossige BIQ der Hamburger Internationalen Bauausstellung ist das weltweit erste Gebäude mit einer lebendigen Bioreaktor-Fassade, in der mit kontrollierter Fotosynthese Mikroalgen gezüchtet und zur Erzeugung von Wärme und Biomasse genutzt werden.

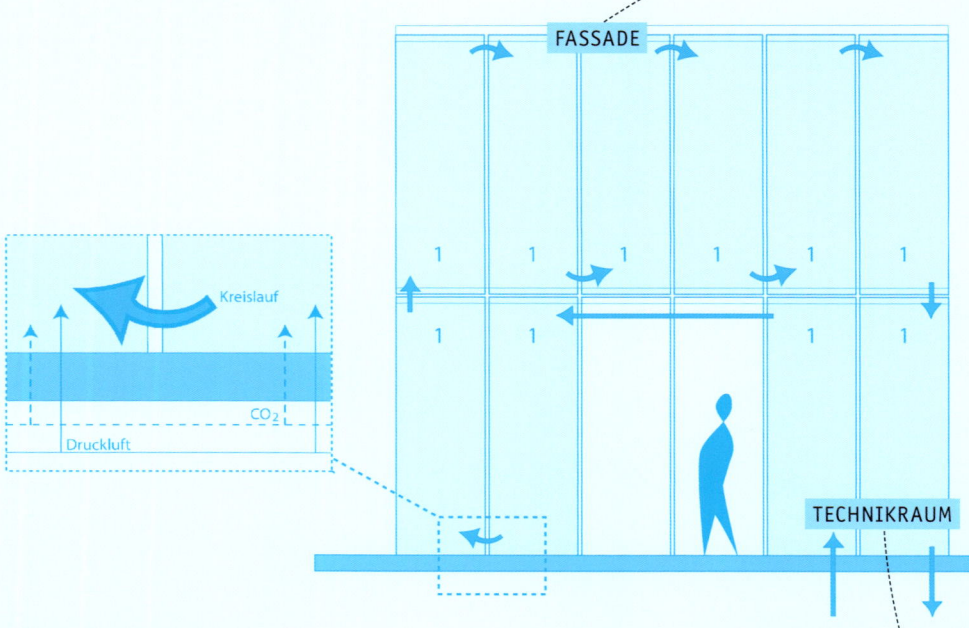

> »DIE REGENERATIVE ENERGIEPRODUKTION IST BEIM BIQ ALS GESTALTUNGSELEMENT KEINE ENERGIEZENTRALE IM VERBORGENEN, SONDERN TEIL DES ARCHITEKTONISCHEN KONZEPTS.«
>
> ULI HELLWEG, IBA

Erste Entwürfe für die Form der Elemente, ihre Funktion und ihre Anordnung

ARCHITEKT
Splitterwerk
FERTIGSTELLUNG
2013
STANDORT
Hamburg
SONSTIGES
Pilotprojekt

Die lebendige und sich immer wieder verändernde Außenhaut: Die grünen Bioreaktor-Elemente beherrschen die Südost- und Südwestseite des Hauses für 15 Familien.

Die von den Mikroalgen produzierte Wärme steht dem Haus als Heizenergie durch Wärmetauscher zur Verfügung, Biomasse wird an anderer Stelle energetisch verwertet und zu Biogas konvertiert.

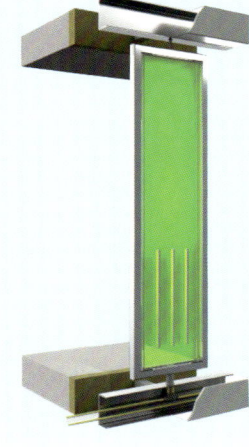

In die Fassadenelemente wird von unten Luft gepumpt, die das Algenwachstum stimuliert. Die Strömung reinigt die Glas-Panels innen.

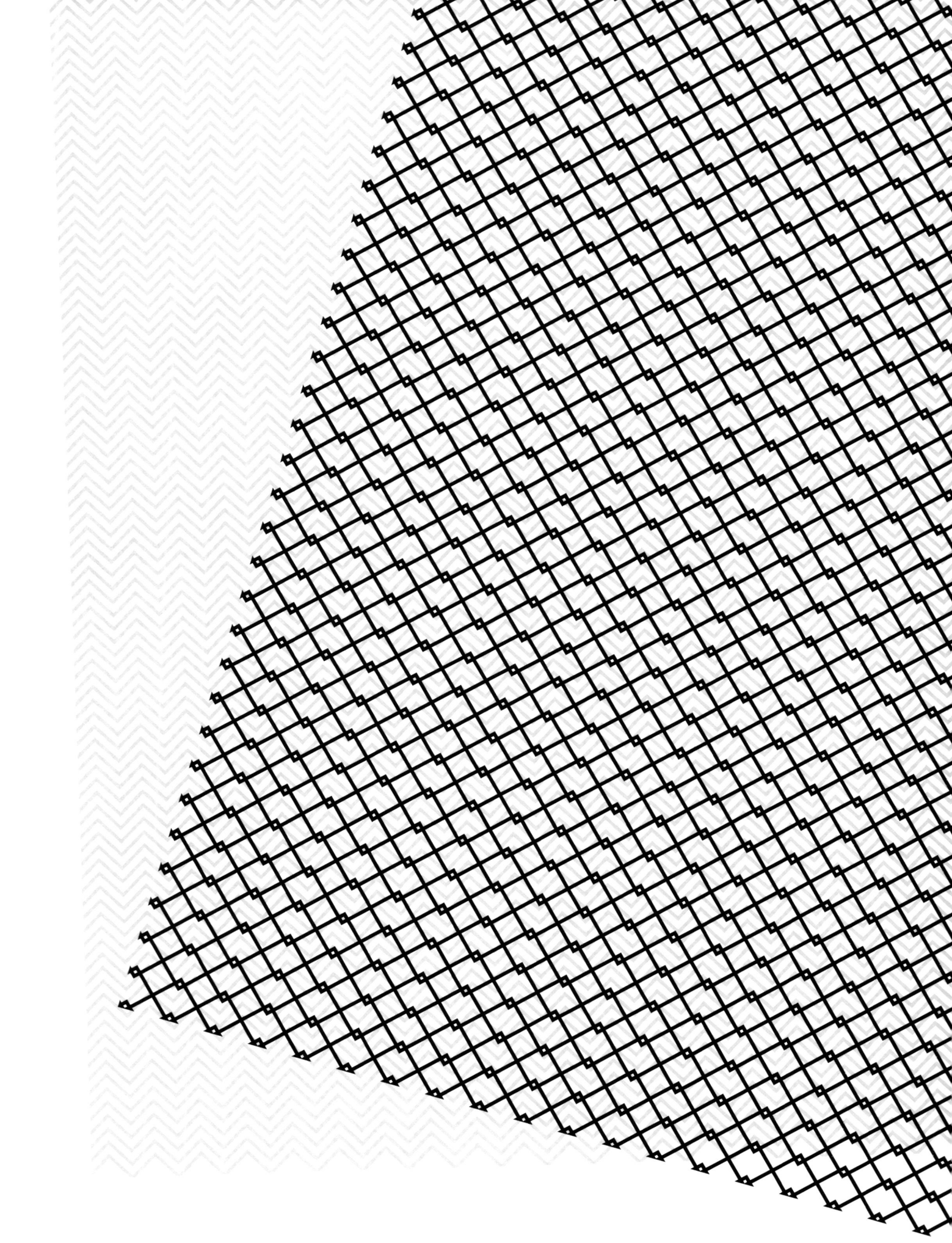

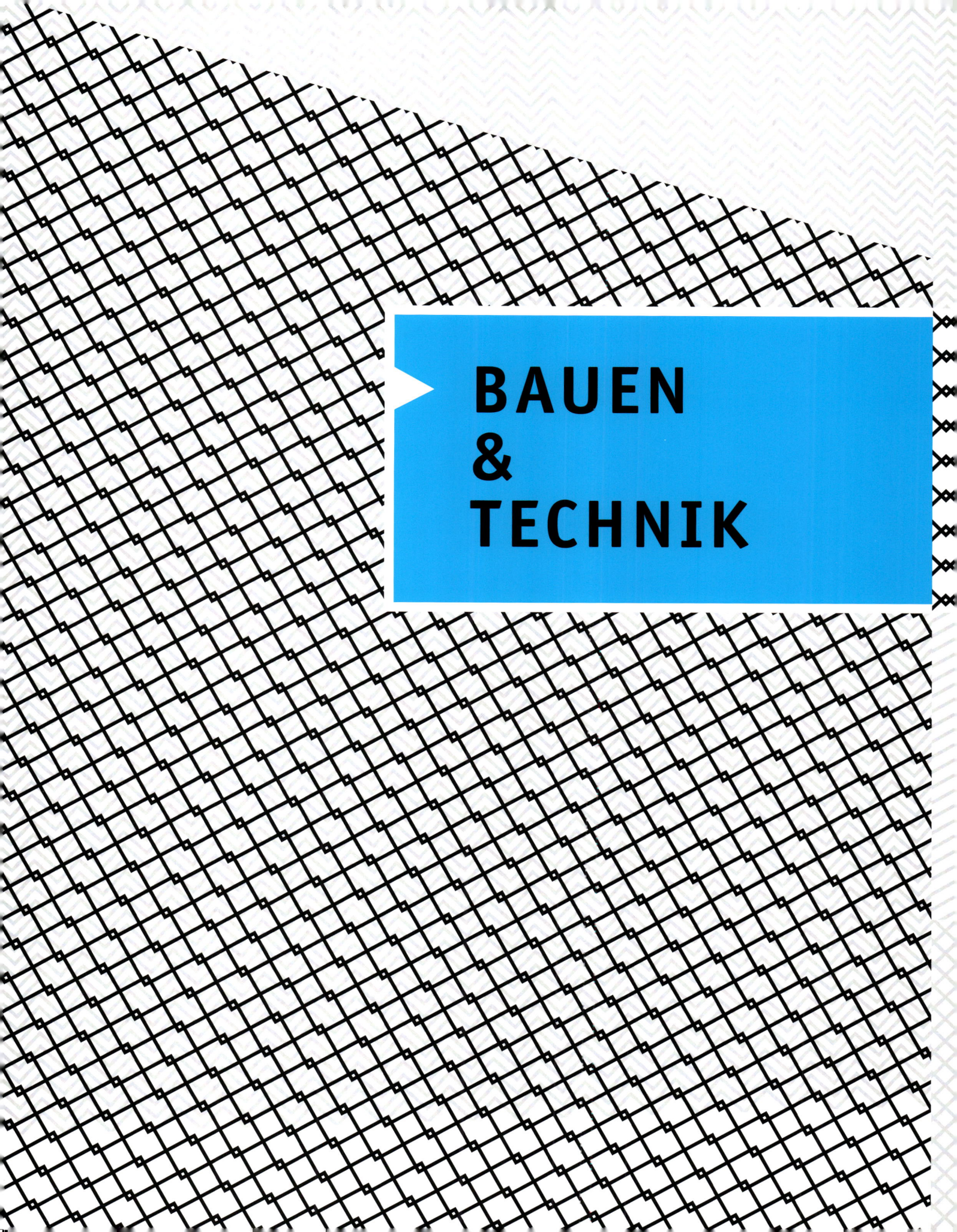

COMPUTER BEIM BAU UND IM HAUS SELBST

Roland Blach sagt lächelnd von sich selbst, er „stamme aus dem Virtuellen". Am Stuttgarter Fraunhofer-Institut für Arbeitswirtschaft und Organisation IAO leitet der Diplom-Ingenieur das Kompetenzteam für Virtual Environments. Die virtuellen Umgebungen, die er dort generiert, erlauben es dem Betrachter, sich in Echtzeit dreidimensional in Gebäuden, Landschaften und Fahrzeugen zu bewegen. „Immersion" nennt der Fachmann dieses sich Hineinversetzen des Publikums in einen (noch) gar nicht existierenden Raum.

INTERVIEW

06
WOHNEN IN 3D

Das Haus im Computer –
der Computer im Haus

Zukunft ist Vorstellung – und eine gute Vorstellung zu erzeugen, ist das Arbeitsfeld von Roland Blach. Das Institut in Stuttgart residiert in einem futuristischen Gebäude, das bereits vor dem Bau bis in die kleinsten Details im Computer in 3D simuliert wurde. Man konnte sich in allen Räumen in drei Dimensionen bewegen. Auch nach der Fertigstellung dreht sich hier viel um die Visualisierung von Bauten, die noch gar nicht existieren.

Sie entwickeln Software, um Häuser im Computer entstehen zu lassen, lange bevor sie gebaut sind. Wozu dient das?
Man kann sich mit diesem System in ein Gebäude hineinversetzen und herausfinden, ob alle Pläne den gewünschten Funktionen entsprechen. Wir haben dafür hier im Haus eine sogenannte CAVE. Das ist ein Raum mit mehreren Projektionsflächen – die Leinwände befinden sich vorne, an den Seiten und auf dem Boden. Dazu trägt man eine 3D-Brille mit „Positionsmarkern", damit der Computer immer den Standort des Betrachters kennt. Dadurch taucht man komplett in die virtuelle Welt ein.

Das klingt ein wenig nach Science Fiction?
Wir arbeiten hier in einem neuen Gebäude von 2012, dessen gesamten Bauprozess wir mit unserer Visualisierung begleitet haben. Das war für alle Beteiligten ein nützliches Werkzeug. Es gibt eine nette Anekdote: Die Bauherren waren erst skeptisch gegenüber dem Entwurf und wollten wissen, warum wir so bauen wollten. Aber nach einer sehr detailgetreuen 3D-Vorführung waren sie überzeugt. Und obwohl es mit sehr viel Technik ausgestattet ist,

funktioniert das Haus bestens. Es hat auch schon einen Nachhaltigkeits-Preis gewonnen.

Bei manchen Bauten müssen bis zu 40 Prozent des Budgets aufgewandt werden, um Fehler zu reparieren. Kann Ihre Software helfen, das zu vermeiden?
Das System führt zu einer besseren Kommunikation. Wir hatten am Bau immer wieder die Situation, dass Handwerker zu uns kamen, die Probleme mit dem zweidimensionalen Bauplan hatten. Wir sind dann zu unserer Projektion im Nebengebäude gegangen. Die Handwerker haben sich mit dem Bauplan in der Hand die 3D-Darstellung angeschaut und gesagt: Jetzt habe ich's verstanden. Die 3D-Ansicht hilft enorm, weil sie so klar ist. Auch für den Bauherrn ist das nützlich: Er sieht genau, wo ein Pfeiler oder eine Wand steht, wo das Fenster hinkommt und wie die Aussicht ist.

Wird man diese Technik bald auf mehr Baustellen finden?
3D-Displays und Projektoren sind weit verbreitet. Ich gehe davon aus, dass bei größeren Baustellen bald im Baucontainer, dort wo die Pläne liegen, auch eine 3D-Projektion des Gebäudes zu sehen sein wird. Der nächste Schritt wäre, dass die Pläne in einem iPad liegen. Mit der Kamera kann man einen Teil des Gebäudes anvisieren und der Rechner zeigt dann, welche Kabel und Rohre dort bereits liegen oder noch zu installieren sind. Es gibt auch Überlegungen, das mit Datenbrillen, wie der neuen Google-Brille, zu machen.

Wie lange werden wir noch auf solch Anwendungen warten müssen?
Es gibt ähnliche Apps heute schon auf Smartphones. Da erkennt die Software durch die Kamera Silhouetten und weiß genau, wohin man schaut. Das sind Anwendungen für Reiseführer oder Museen. Auch ein

Das futuristische Gebäude des Fraunhofer Instituts IAO in Stuttgart, entworfen von den Architekten von UNStudio, wurde während seines gesamten Bauprozesses mit Visualisierungstechniken begleitet.

AUGMENTED REALITY IN DER TASCHE:

Mit einer App lassen sich aus dem Katalog eines schwedischen Möbelhauses Tische und Stühle in ein Bild der eigenen Wohnung auf dem Smartphone laden.

großes Möbelhaus hat schon solch eine App: Man kann sich in ein Bild auf dem Smartphone Möbel oder Kücheneinrichtungen aus dem Katalog hinein „beamen" lassen und sich sogar durch den virtuellen Raum hindurch bewegen, ähnlich wie bei einem Computerspiel.

Wie sehen Sie die Rolle, die Computer in den Häusern von morgen spielen werden?

Für mich ist das 230-Volt-Netz wie die Blutbahn des Hauses, die die Muskeln mit Energie und Kraft versorgt. Ein Ethernet- oder WLAN-System ist das Nervenkostüm, das die Kommandos an einzelne Segmente gibt, an die Kühlung, die Heizung, die Fenster. Allerdings: Heute sind manche Systeme noch nicht so zuverlässig, wie wir uns das wünschen.

Wie werden die Computer unsere Häuser in Zukunft verändern?

Bisher stand der Computer vor uns. Jetzt beginnt er um uns herumzuwachsen. Die Geräte wachsen zusammen zum „Internet der Dinge". Ein Beispiel: Wir haben an vielen Stellen im Haus ein TV-Gerät oder einen Computerbildschirm. Außerdem tragen wir Displays in Form von Smartphones mit uns herum. Warum kann ich nicht im Vorbeigehen alle Bildschirme um mich herum so benutzen, dass mich das Display anspricht und fragt, ob es meine Inhalte zeigen soll? Technisch sind die Komponenten dafür da. Aber wir müssen sie noch integrieren. Dazu könnte ein Interface für Gesten gehören, das die Wisch- und Drückbewegungen, die ich jetzt auf einem Touchscreen mache, im Raum lesen kann. Und zwar so, dass ich es überall nutzen kann. Da begegnet der Computer der Architektur.

Was von alldem sollte ein Bauherr in den nächsten Jahren einbauen?

Er muss die Integration der Computer mitdenken. Eine Alternative wäre es, alles kabellos zu machen. Aber das ist eine Wette auf die Zukunft. Heute geht das noch gut, aber morgen wollen wir wahrscheinlich viel mehr Daten senden. Denken Sie an das hoch auflösende Fernsehen mit 4K, das hat viermal mehr Daten als HDTV! Wenn jeder im Haus sein eigenes Programm sehen möchte, wird die Bandbreite ganz schön eng. Die Menge der Daten, die man durch die Luft senden kann, ist aber begrenzt. Ich würde Leitungen in Kabelkanälen in jedes Stockwerk verlegen, sodass ich leicht erweitern kann. Von dort aus kann man das Netz drahtlos an einzelne Geräte verzweigen. Dann ist man gut gerüstet.

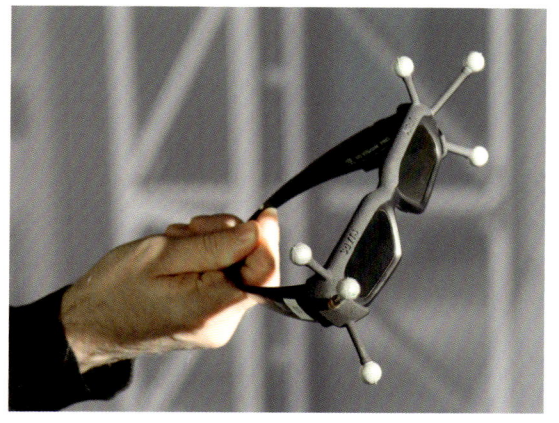

Die mehrseitige Projektion einer CAVE macht es möglich: Auch wenn ein Haus bislang nur im Computer existiert, kann sich der Bauherr durch die Räume bewegen (2, 4). Eine Brille (1, 3) sorgt für die Dreidimensionalität, die Antennen daran melden dem Computer, wo im Raum der Betrachter sich befindet.

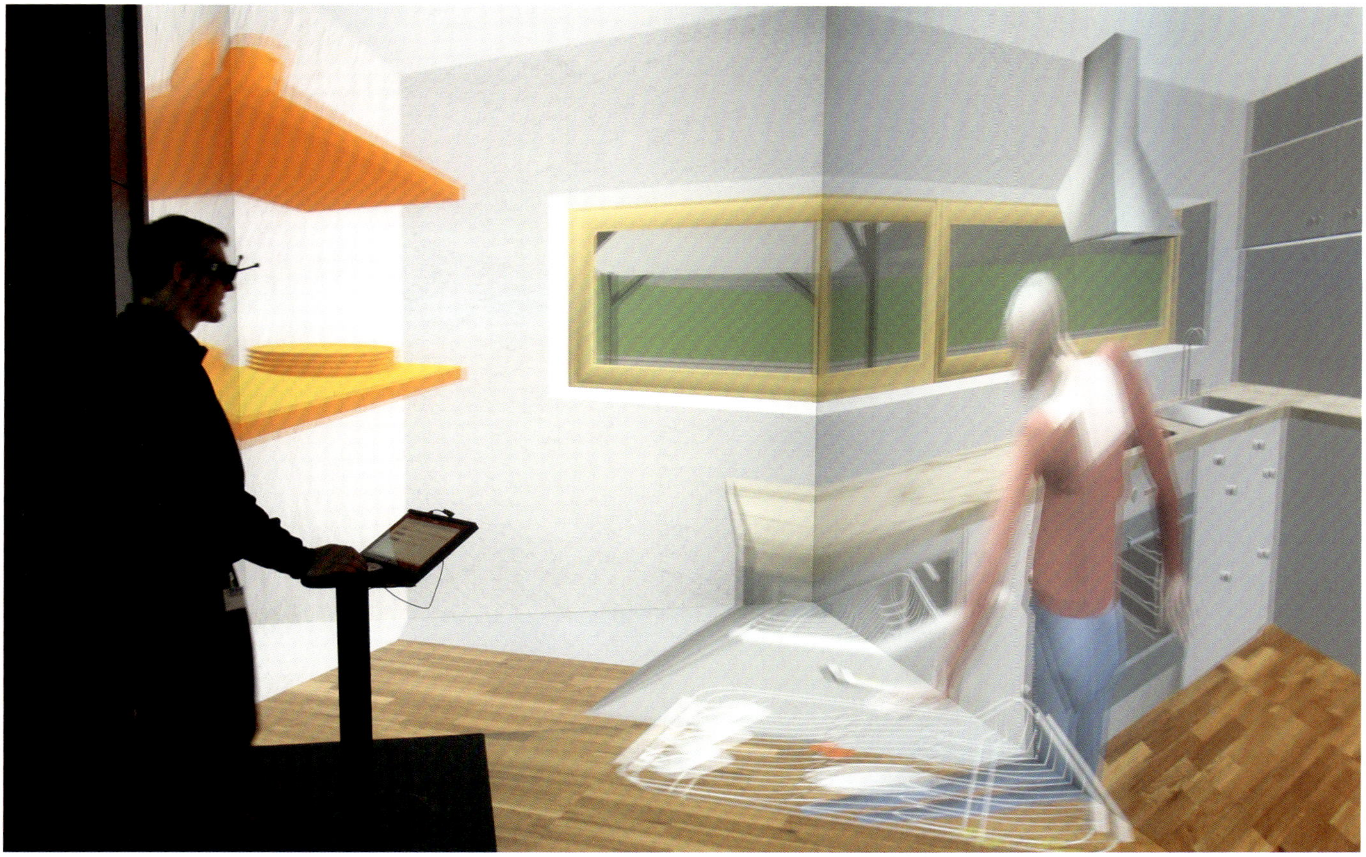

PROJEKT 06 | HAUS IN DER CAVE

Baupläne zu lesen, lernen Architekten im Studium. Aber vielen Bauherren fällt es schwer, aus einer zweidimensionalen Darstellung ein Raumgefühl für ihr neues Zuhause zu entwickeln. Das Architekturbüro AI.STUDIO arbeitet deshalb mit dem Fraunhofer IFF in Magdeburg zusammen und projizierte dieses Einfamilienhaus in eine Cave.

VIRTUAL HOME

VIRTUAL GARDEN

VIRTUAL GARDEN

VIRTUAL HOME

»WIR ÜBERTRAGEN INZWISCHEN UNSERE ARCHITEKTEN-PLÄNE ÖFTER IN EINE 3D FORM, DIE AUCH IN EINER CAVE GEZEIGT WERDEN KANN. DAS HILFT VOR ALLEM DEN BAUHERREN, SICH IHR HAUS BESSER VORZUSTELLEN.«

MARTIN BETHGE, ARCHITEKT

Mit einer Datenbrille kann ein Haus auch ohne Cave in drei Dimensionen gut „begangen" werden.

ARCHITEKT	AI.STUDIO
FERTIGSTELLUNG	2013
STANDORT	Magdeburg
SONSTIGES	Massivbauweise mit Energiestandard KW 55

Das 3D-Drahtmodell ohne Wände zeigt die vielfältigen technischen Installationen in Boden, Wänden und Decke. Das hilft, Kollisionen zwischen den Gewerken zu vermeiden.

Vorher (links außen) und nachher (oben): Auch die Einbindung eines noch nicht gebauten Hauses in die Nachbarschaft und die Natur lässt sich in einer Cave gut überprüfen.

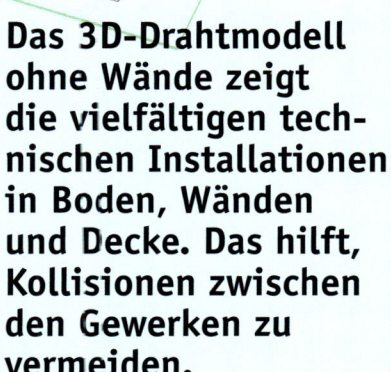

Der Bauherr wünschte sich ein minimalistisches Heim: Im Mittelpunkt des hellen und offenen Erdgeschosses steht der Kamin.

DAS AUTOMATISCHE HAUS

Lothar Frey leitet das Fraunhofer Institut für Integrierte Systeme und Bauelementetechnologie IISB in Erlangen und ist Professor an der dortigen Friedrich-Alexander-Universität. Seit Langem setzt er sich mit intelligenten und effizienten Strukturen von Stromnetzen auseinander, im Großen wie im Kleinen.

INTERVIEW

07
WENIGER VERLUSTE DURCH GLEICHSTROM

Ein zweites Stromnetz für das Haus

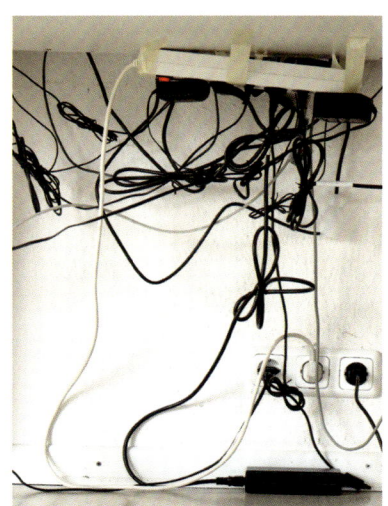

Hässlich und uneffizient
Netzteile, die Wechselstrom für die zahlreichen Gleichstromverbraucher in unseren Haushalten aufbereiten.

Unser Stromnetz liefert Wechselstrom mit einer Spannung von 230 Volt. Viele häusliche Geräte laufen jedoch intern mit Gleichstrom und viel niedrigeren Spannungen. Die zunehmende Zahl von Photovoltaik-Elementen auf unseren Dächern erzeugt ebenfalls Gleichstrom, doch der wird erst in Wechselstrom gewandelt, ins Hausnetz eingespeist und für die elektrischen Verbraucher dann wieder in Gleichstrom zurückübersetzt. Dabei entstehen Verluste. Deswegen plädieren viele Fachleute inzwischen für ein zweites Stromnetz in den Häusern, ein Gleichstromnetz mit niedriger Spannung. Die Gründe erklärt der Erlanger Professor Lothar Frey.

Warum sollten Bauherren über ein zweites Stromnetz im Haus der Zukunft nachdenken?
Weil man eine Menge Energie einsparen kann. Haushaltsgeräte wie Handy-Ladegeräte, Computer, Flachbildschirme, Telefone, Radios oder LED-Leuchten arbeiten intern mit Gleichspannung. Bei all diesen Verbrauchern muss der Wechselstrom aus dem 230-Volt-Hausnetz in Gleichstrom umgewandelt werden. Das geschieht immer mit Verlusten. Denn viele Netzteile wandeln ineffizient, weil sie kostengünstig sein müssen. Häufig laufen sie im Standby-Modus und verbrauchen so auch noch Strom. Außerdem sind sie relativ klobig und keine Schmuckstücke im Raum, ganz zu schweigen von dem Netzteil-Wirrwarr unter so manchem Schreibtisch.

Gibt es Möglichkeiten, solche Verluste zu vermeiden?
Ja, indem man im Haus ein zweites Stromnetz installiert. Das muss nicht sehr aufwendig sein. Dazu teilt man am besten das Haus in Segmente auf.

NETZ- UND GERÄTEKONZEPTE FÜR MORGEN

energieeffizient – flexibel – vernetzt

- 230 V$_{AC}$ – Haushaltsgeräte (AC/DC 98%)
- 380 V$_{DC}$ – Neonröhren
- 24 V$_{DC}$ Energie plus LAN – Elektronik- und LED-Beleuchtung (DC/DC 95%)
- 99% Photovoltaikanlagen
- Batterie-Speicher für Elektrofahrzeuge
- Stationärer Speicher

In Räumen mit Verbrauchern, die nur mit Gleichspannung arbeiten, braucht man eigentlich keine 230-Volt-Wechselstrom-Leitung. In Kinderzimmern würde sich so auch die Gefahr durch das Stromnetz deutlich verringern und in Schlafzimmern hätte man keine Felder mit hoher Wechselspannung um sich herum, falls das einem wichtig ist. Man muss dazu nur an einem Punkt im Hausnetz Wechselstrom und Gleichstrom mit einem Spannungswandler aufteilen. Wer viel LED-Beleuchtung in seinen Räumen hat, kann den Gleichstrom natürlich für alle Zimmer nutzen.

Ist ein Gleichstromnetz für alle Stromverbraucher sinnvoll?

Nein. Viele Geräte mit höherer Leistung, wie Waschmaschinen und Staubsauger, werden noch länger mit Wechselstrom arbeiten. Für den wachsenden Bereich der Elektronik und der LED-Beleuchtung ist das Gleichstromnetz aber sinnvoll. Auch das Nachrüsten wäre relativ einfach.

Für wen sind Gleichstromnetze besonders interessant?

Am meisten würden Hausbesitzer mit einer eigenen Photovoltaikanlage, mit Batterien als Speicher und mit einem Elektrofahrzeug sparen. Diese drei Elemente laufen alle mit Gleichspannung. Wenn man sie mit einem Steuerungssystem miteinander verknüpft, kann man effektiv intern den Verbrauch managen: Will ich mein Elektroauto aufladen, dann erkennt solch ein System automatisch, woher die Energie kommen kann. Scheint die Sonne, lädt das Auto aus den Solarzellen, und falls das nicht reicht, holt es sich den restlichen Strom aus den Batterien. Erst wenn die leer sind, zapft es das öffentliche Wechselstromnetz an. Das geht ohne große Verluste, auch wenn die Gleichspannungen etwas unterschiedlich sind. Außerdem könnte man den jetzt gebräuchlichen Wechselrichter, der Solarstrom in Wechselspannung umwandelt, aus einem derartigen System herausnehmen und damit auch seine Verluste vermeiden.

Wie hoch ist der Effizienz-Gewinn eines Gleichstromnetzes in Zahlen?

Wenn sie ein Photovoltaik-Panel auf dem Dach haben und damit einen Computer betreiben wollen, wird der Gleichstrom aus dem PV-Modul erst in Wechselstrom umgewandelt. Dabei verlieren sie im Schnitt schon 5 Prozent. Die Netzteile des Computers und des Bildschirms laufen meist in einem Teillastbereich, bei einem Wirkungsgrad von ungefähr 60 Prozent. Sie können in diesem Beispiel also nur zwischen 50 und 60 Prozent des Stroms, den Sie ernten, auch tatsächlich nutzen. Würde man den Strom in ein Gleichspannungsnetz einspeisen, dann läge die nutzbare Ernte bei etwa 95 Prozent.

MERKZETTEL

1.
Hausbesitzer sollten auf maximale Flexibilität im häuslichen Stromnetz achten, denn für viele elektronische Geräte und für LED-Leuchten reicht eine Versorgung mit Gleichstrom.

2.
Es ist sinnvoll, dass Eigentümer einer Photovoltaikanlage ihren eigenen Strom verbrauchen, vor allem wenn sie über ein effizientes Hausnetz verfügen.

Pionier und Urmutter moderner Haustechnik

Das sagenumwobene Anwesen von Bill Gates im Staat Washington (unten), das schon vor zehn Jahren über mehr als 100 Computer allein für die Haustechnik verfügte. Es erkennt jeden Eintretenden und kann ihn mit seiner Lieblingsmusik und seinen favorisierten klimatischen Einstellungen begrüßen.

HOME, SMART HOME

Die Haustechnik von heute, morgen und übermorgen

„Bald wird unser Haus uns verraten. In zehn Jahren wird es dir abends sagen, dass du jetzt schlafen musst. Weil du sonst zu viel Energie konsumierst. Weil du nicht zum Wohlergehen der Menschheit beiträgst." Der niederländische Star-Architekt Rem Kohlhaas traut der Vision vom Smart Home, dem automatisierten Haus der Zukunft, ganz offensichtlich nicht recht über den Weg. Dabei schwärmen Industrie, IT-Fachleute und Medien schon seit den 1990er Jahren

> **50**
>
> elektrische Geräte und mehr in einem durchschnittlichen Haushalt erwarten Experten für die Zukunft.

vom „intelligenten Haus", dessen Computersteuerungen uns bald viele lästige Alltagstätigkeiten abnehmen könnten. Bei ihrem „Internet der Dinge" bekommen die Gegenstände unserer häuslichen Umgebung eine Computerintelligenz, machen sich mit unseren Gewohnheiten vertraut und reagieren selbstständig darauf. Was kann so nicht alles automatisiert, ferngesteuert oder vom Smartphone aus überwacht werden: das Öffnen von Fenstern, Rollläden, Jalousien, Garagen- und Gartentoren, Haustüren, das Einstellen von Heizung, Einbruchssicherung, Feuermelder, die Steuerung des Lichts und der Waschmaschine und sogar der Rasensprenger. Noch gar nicht mitgerechnet: die häusliche Kommunikationstechnik und das Unterhaltungsangebot. Experten schätzen, dass ein durchschnittlicher deutscher Haushalt im Jahr 2020 etwa 50 Geräte zu Hause haben wird, die auf die eine oder andere Weise automatisiert oder mit dem Internet verbunden sind. Der Computer durchdringt das Haus.

Pionier der Hausautomation war die Heizung, die ja schon länger über Thermostate verfügt, die die Zimmertemperatur messen und nachregeln. Nun aber scheint es, als wachsen dem modernen Haus überall Fühler und kleine Muskeln: das Smart Home unterstützt bei unzähligen kleinen und manchmal lästigen Dinge des Alltags. Bei schlechter Luft lüftet es automatisch. Es bemerkt, wenn niemand zu Hause ist, aber ein Fenster offen steht – und schließt es. Sollte die Sonne die Wohnung übermäßig erhitzen, dann fahren Markisen und Jalousien herunter. Bei Abwesenheit werden die Lichter gelöscht und große Stromverbraucher schaltet die Haussteuerung erst dann ein, wenn es kostengünstigen Nachtstrom oder saubere Sonnenenergie gibt. Einige dieser Funktionen gehören schon heute zur Standardausrüstung eines energieeffizienten Gebäudes. Weitere werden sich bald dazu entwickeln, wenn wir unsere Stromnetze darauf dressieren, sich stärker am Angebot von „grünem Strom" zu orientieren und ein sogenanntes Smart Grid bilden.

Intelligente Häuser werden bezahlbar

Schon vor 20 Jahren existierte die Vision der Haus-Intelligenz. Aber lange Zeit hatte sie es schwer, Realität zu werden, denn die meisten früheren Systeme benötigten zusätzliche Installationen, waren teuer und wenig ausgereift und besaßen zudem jeweils eigene Standards. Mit der Verbilligung von Rechenleistung und der inzwischen entstandenen Dichte von WLAN-Netzen in Haushalten hat sich die Situation jedoch verändert: WLAN lässt sich ebenso wie Bluetooth als Basis für eine kabellose Verknüpfung von vielen Haushaltsgeräten nutzen. Markise, Fenster oder Waschmaschine benötigen oft nur noch einen kabelbasierten Sensor oder einen Funk-Sensor, und schon können sie wie die Stereoanlage fernbedient und programmiert werden. Für Funktionen, die nicht von vornherein elektrisch betrieben werden können, benötigt man allerdings meist noch sogenannte „Aktoren". Das sind kleine Elektromotoren oder Schaltelemente, die elektronische Befehle in mechanische Bewegung umsetzen.

Neben WLAN und Bluetooth arbeiten viele Systeme zusätzlich mit einem energieeffizienten Funkkanal. Das erlaubt eine Stromversorgung der Sensoren über Batterie und reduziert den Installationsaufwand im Haus. Sollten dicke Betondecken den Funkwellen zu viel Widerstand

> **VORTEIL SAUBERE ENERGIE**
>
> Ein *Smart Grid* ist ein Stromnetz, das selbstständig Angebot und Nachfrage von Strom, meist grünem Strom, regelt. Es sorgt unter anderem dafür, dass Geräte mit großem Verbrauch möglichst nur dann eingeschaltet werden, wenn genügend Sonne scheint oder Wind weht, um CO_2-frei Energie zur Verfügung zu stellen. Idealerweise sollte diesem Netz in den Gebäuden eine entsprechend intelligente Haustechnik gegenüberstehen. Dazu gehört auch der „intelligente" Stromzähler, das *Smart Meter*. Es kann selbst erkennen, wann viel grüner oder kostengünstiger Strom im Netz ist. Der Zähler sorgt dann dafür, dass das automatisierte Hausnetz nur in diesem Fall stromfressende Verbraucher, wie eine Waschmaschine, einschaltet. Das entlastet die Haushaltskasse und es erlaubt einen effizienten Einsatz von Wind- und Sonnenenergie. Denn oft kann dieser saubere Strom nicht genutzt werden, da wir noch nicht über genügend große Speicher dafür verfügen. Leider sind *Smart Meter* ein potenzielles Angriffsziel für Hacker. Nach heutigem Wissensstand wäre ein solches Stromnetz nicht so sicher, wie wir es gern hätten.

Haus mit effizienter Zukunft?

Vorausgesetzt ein Haus verfügt über Internetzugang, dann lässt sich heute bereits fast die gesamte Technik über Sensoren und Aktoren überwachen und regeln, auch aus der Ferne. Automatisch können zusätzlich Wetterdaten, Helligkeitssensoren und die aktuellen Strompreise mit einbezogen werden. Das Ergebnis: ein Mehr an Komfort und an Effizienz.

Verbrauchswerte Online-Anzeige
Stationäre und mobile Displays ermöglichen einen schnellen und oft grafisch gut aufbereiteten Überblick über den Verbrauch – Grundlage für energiebewusstes Handeln.

GERÄT MIT INTEGRIERTER VERBRAUCHSANZEIGE

MINI-BHKW

KOMMUNIKATIONSZENTRALE MIT ZÄHLER

ELEKTROAUTO MIT AKKU

WÄRMEPUMPE

PHOTOVOLTAIKANLAGE SOLARTHERME

BRENNSTOFFZELLE

VERBRAUCHSANZEIGE ÜBER TV

bieten, kann man auch auf Systeme ausweichen, die das Haus über ein aufmoduliertes Signal auf der 230-Volt-Leitung steuern. Computerbauteile sind heute Massenware. Das ließ die Preise elektronischer Bauteile auch für die Hausautomation sinken. Und auch die überall vorhandenen Smartphones vereinfachen den Umgang mit dem Gebäude: Über sie lässt sich das Haus per Fernbedienung bequem programmieren und überwachen. Gern auch aus dem Urlaubsort. Ein Tablet kann das natürlich auch.

Allerdings schlägt eine vorinstallierte, vollständige Automatisierung aller Fenster in einem Einfamilienhaus bislang immer noch leicht mit einem fünfstelligen Betrag zu Buche. Das zu bezahlen sind wenige Kunden bereit, sagt ein Fertighaus-Hersteller. Andererseits bieten inzwischen Energie- und Telekom-Konzerne, oft in Zusammenarbeit mit Heizungs- und Haushaltsgeräteherstellern, einfache Systeme zur Selbstinstallation an. Für deren Einrichtung sollte man aber keine Angst vor dem Computer haben. Kleine Einsteiger-Sets gibt es bereits für wenige hundert Euro. Dafür bekommt man eine Basisstation und einige programmierbare Steckdosen, Heizungsthermostate oder Rauchmelder. Für eine umfassende Automatisierung des Hauses wird auch hier schnell ein vierstelliger Betrag fällig. Beachten sollte man auch, dass eine komplexere Anlage meist nicht mehr im Eigenbau installiert werden kann und einen Fachmann notwendig macht. Nicht gelöst ist bislang das Problem eines einheitlichen Standards: Hausautomation funktioniert über ein Betriebssystem, und ähnlich wie beim Computer legt man sich mit den ersten Anschaffungen für ein bestimmtes System und damit auch auf bestimmte Geräte und ein bestimmtes Design fest. Ein Wechsel ist später meist nicht möglich oder mit erheblichem Aufwand verbunden.

Vom Haus zum „Haus-Arzt"

Auch wenn viele Menschen sicher noch nicht ganz zufrieden sind mit der Leistungsfähigkeit des *Smart Home*, eine gesellschaftliche Gruppe wird sicher profitieren: die Senioren. Ihnen bietet Hausautomation die Möglichkeit, im Alter länger in ihrer eigenen Wohnung zu bleiben. *Ambient Assisted Living* (AAL) heißt der Fachbegriff für neue Technologien, die Menschen mit Einschränkungen im Alltag unterstützen: Toiletten, die medizinische Daten online an den Hausarzt übertragen, gibt es schon seit ein paar Jahren – im technikverspielten Japan. Etwas weniger exotisch wirken Anwendungen, wie die Fernübertragung von Blutdruck- oder Blutzuckerwerten, die man zu Hause mit leicht handhabbaren Geräten messen kann und die dann via Netz an den Arzt geschickt werden. Noch wichtiger sind Elemente für Notfälle, die dafür sorgen, dass ältere Menschen möglichst lange in den eigenen vier Wänden leben können. So ist am Fraunhofer Institut IGD in Darmstadt ein sensibler Fußboden entwickelt worden, der bemerkt, wenn sein Bewohner stürzt und dann Alarm gibt. In näherer Zukunft wird wohl auch eine Steuerung der Geräte über Gesten die Suche nach der Lesebrille für die Tablet-Bedienung überflüssig machen.

Warum dezentrale Stromerzeugung gut ist:

»Beim Übertragen des Stroms durch das Netz bis hin zu Ihrer Wohnung oder Ihrem Unternehmen stiehlt sich wegen des Leitungswiderstands ein Teil davon. Je weiter die Strecke, desto mehr Energie geht verloren – bis zu 10 Prozent.«

Michael Braungart & William McDonough

BIG DATA IM HAUS

Zahlreiche Menschen sehen in den Verbrauchsdaten, die ein häusliches Netz anhäuft, ein ernstes Datenschutz-Problem. Denn sowohl die Stromerzeuger als auch die Anbieter von Hausautomation erfassen viele Hausdaten, da erst so die Funktionen eines intelligenten Netzes nutzbar werden. Wer aber möchte, dass seine häuslichen Daten auf einem Firmenserver gespeichert werden? Die Preisgabe des eigenen Verhaltens könnte der Preis für besseren Umweltschutz und mehr Komfort sein.

Mehr Effizienz
Vernetzte und automatisch gesteuerte Geräte sind nur dann in Funktion, wenn sie benötigt werden.

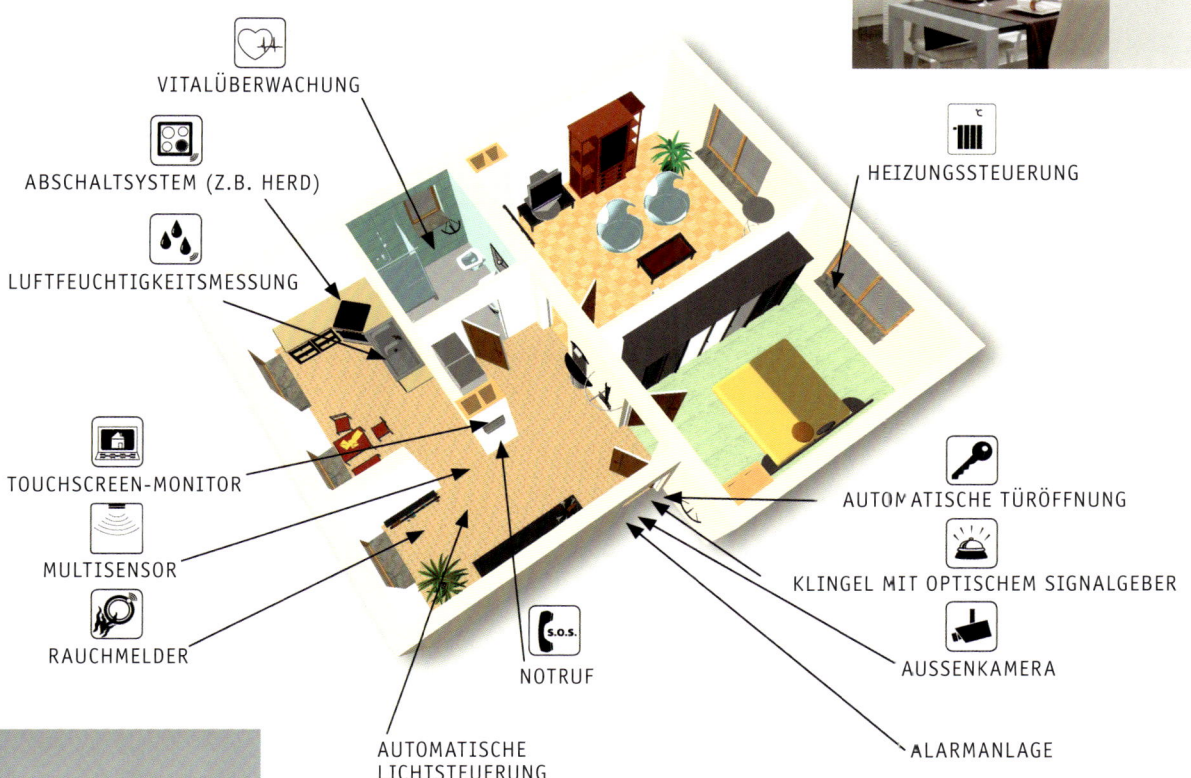

- VITALÜBERWACHUNG
- ABSCHALTSYSTEM (Z.B. HERD)
- LUFTFEUCHTIGKEITSMESSUNG
- TOUCHSCREEN-MONITOR
- MULTISENSOR
- RAUCHMELDER
- NOTRUF
- AUTOMATISCHE LICHTSTEUERUNG
- HEIZUNGSSTEUERUNG
- AUTOMATISCHE TÜRÖFFNUNG
- KLINGEL MIT OPTISCHEM SIGNALGEBER
- AUSSENKAMERA
- ALARMANLAGE

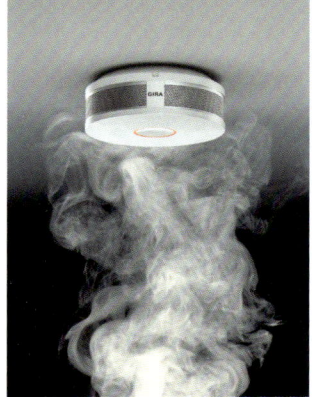

Mehr Sicherheit
Sensoren für Rauch, Regen, Bewegungen oder vieles andere sind die Sinnesorgane der Hausautomation.

Mehr Bequemlichkeit
Zentral lassen sich Temperatur, Fenster, Türen und Heizung überwachen und steuern.

PROJEKT 07 | WEISSE VILLA

So klar wie die Linien, so vielfältig sind die elektronischen Steuerungsmöglichkeiten in dieser weißen Villa im Herzen von Meran. Der kompakte und gut gedämmte Stahlbeton-Baukörper verfügt über eine exzellente Energiebilanz, auch weil alle Fenster in Dreifach-Verglasung ausgeführt sind.

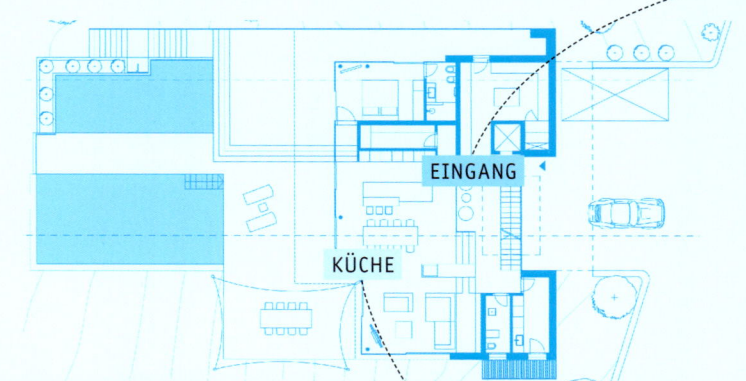

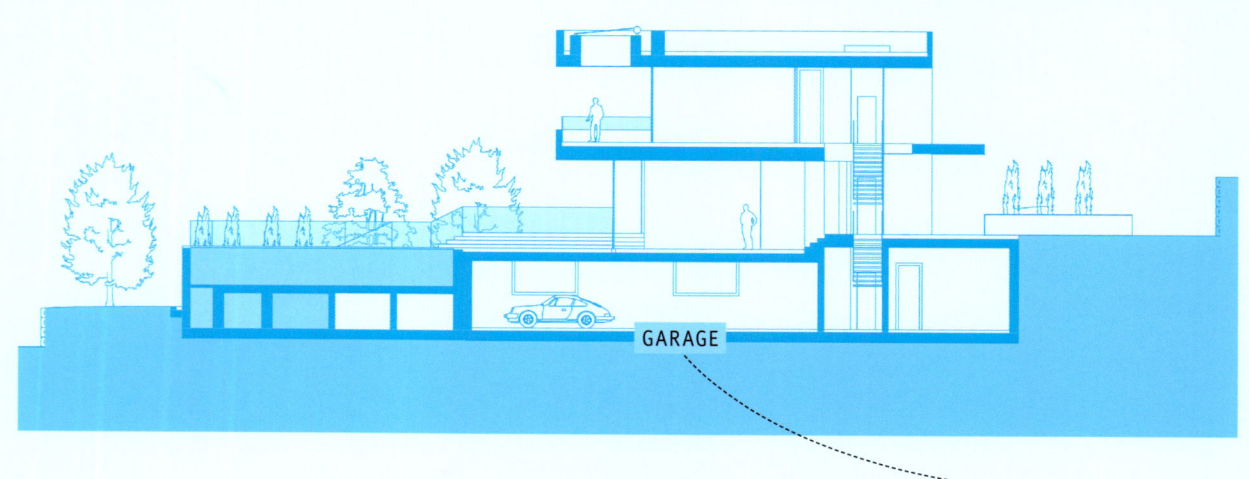

ARCHITEKT
Patrik Pedó
FERTIGSTELLUNG
2012
STANDORT
Meran, Südtirol
SONSTIGES
KlimaHaus A nach italienischem Standard

Alle elektronisch relevanten Komponenten des Hauses sind über ein KNX/EIB-System mit dem zentralen Hausserver vernetzt.

Für jeden Raum sind Lichtszenarien gespeichert, auf die Bewohner manuell oder der Computer automatisch zugreifen können.

Mobil kann die Haustechnik über eine App für Smartphone oder iPad kontrolliert werden.

Auch die Schalterleiste ist „aufgerüstet": Über eine so genannte „Dockingstation" lässt sich auch die Musikanlage ansteuern.

FERTIGHÄUSER

Johannes Schwörer ist Präsident des Bundesverbands Deutscher Fertigbau (BDF) und Chef der Schwörer Haus KG, eines traditionsreichen Familienunternehmens auf der Schwäbischen Alb, das jedes Jahr zwischen 800 und 1000 Fertighäuser baut.

INTERVIEW

08
INDIVIDUALITÄT VON DER STANGE

Energieeffiziente Fertighäuser für morgen

Fertighäuser galten lange als preiswerte Alltagsware mit nur durchschnittlicher Architektur. Doch mit der zunehmenden Weiterentwicklung der CAD-Programme und deren Verknüpfung mit der Fertigung konnten die Hersteller solcher Häuser ihre Stärken besser zur Geltung bringen: Die vorgefertigten Teile eines Fertighauses entstehen unter kontrollierten Bedingungen in Werkhallen auf voll- oder halbautomatisierten Fertigungsstraßen, nicht unter den wechselnden Bedingungen auf einer Baustelle. Solche moderne Fertigungstechnik erlaubt bei der Gestaltung der Häuser mehr individuelle Varianten. Außerdem wirken die immer kürzeren Innovationszyklen in der Bautechnik wie ein Steilpass für die Industrie: Denn viele dieser großen Betriebe können neue Forschungsergebnisse und Technologien schneller umsetzen als kleine Handwerksbetriebe. Dementsprechend gehören heute modernste Energiespartechnik und der barrierefreie Ausbau zum Standard bei der Serienproduktion von zahlreichen Fertighäusern. Johannes Schwörer, Präsident des Verbandes der Fertighausindustrie, gibt einen Ausblick auf die weitere Entwicklung.

Was wird sich in der Zukunft beim Bau von Fertighäusern ändern?
Die große Zeit der klassischen Ein- und Zweifamilienhäuser geht langsam zu Ende. Deswegen wird die Fertighaus-Industrie ihr Angebot mehr auf Um- und Anbauten konzentrieren. Früher lebte die ältere Generation im Ortskern und die Jungen haben in den Neubaugebieten am Ortsrand gebaut. Jetzt sind die ehemals Jungen schon älter und

Eine kontrollierte und vom Wetter unabhängige Herstellung in großen Fabrikhallen sind Vorteile des Fertigbaus. Die Holzrahmen-Bauweise erlaubt es bereits in der Fertigung, große Teile der Technik in die Wände zu integrieren. Auf der Baustelle müssen meist nur noch die Anschlüsse verbunden werden.

durch den Generationenwandel leert sich die Dorfmitte. Diese Kerne wieder zu beleben, wird eine große Aufgabe sein. Außerdem: Viele Menschen ziehen hinter den Arbeitsplätzen her in die Städte. Das bedeutet eine größere Verdichtung dort. Neubaugebiete auf der grünen Wiese mit 30 oder 40 neuen Häusern werden deutlich abnehmen.

Welche Auswirkungen hat das auf die Bauten?

Es wird einiges umgebaut, umgenutzt und abgerissen werden, weil die Bewohner heute andere Ansprüche haben: Früher waren die Familien größer und oft haben Angestellte im Haus gewohnt. Das hat die Fläche und die Aufteilung eines Altbaus bestimmt. Diese alten Häuser haben aber einen Flair, den man oft gern erhalten möchte. Deswegen werden viele nach heutigen Bedürfnissen innen umgebaut. Manche werden auch erweitert. Alle Hersteller entwickeln dazu Konzepte. Die Fertighaus-Industrie kann diese Umbauten fast immer schneller realisieren, weil viele große Bauteile in der Fabrik vorgefertigt werden können und dann auf der Baustelle nur noch zusammengesetzt werden müssen.

Muss man dann nicht mehr von der Serienfertigung der Häuser abweichen?

Die reine Serienfertigung gibt es schon seit einer geraumen Zeit nicht mehr, weil die Hersteller dem starken Bedürfnis der Kunden nach Individualisierung gerecht werden wollen. Ein Serienhaus würde auch nicht passen, wenn ein Bauherr sein Haus in eine bestehende Umgebung integrieren möchte. Die computergestützten Techniken in der Fertigung haben die Möglichkeiten der individuellen Produktion stark verbessert. Heute planen Hersteller ein Haus erst komplett durch, testen alles im Computer und dann passt das auf der Baustelle auch.

FERTIGBAUANTEIL NACH BUNDESLÄNDERN

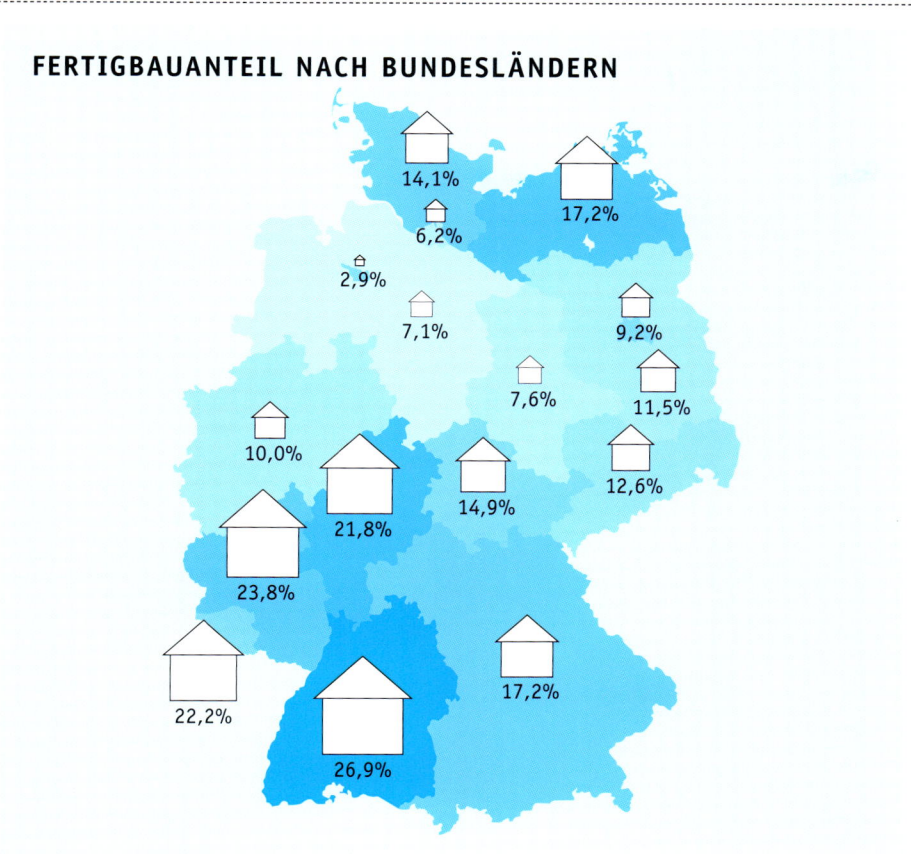

Wird es bald auch die robotergesteuerte Produktion auf der Baustelle geben?

Dafür braucht man recht viel Platz auf einer Baustelle. Den gibt es aber oft nicht. Manchmal müssen wir schon für die Fläche für unseren Kran kämpfen. Aber in besonderen Situationen kann das schon kommen. Vorausgesetzt man bekommt bei autonomen und beweglichen Robotern die Sicherheit in den Griff. Da ist aber noch viel zu entwickeln.

Welche Vorteile bietet ein Fertighaus heute und in der Zukunft?

Bei Fertighäusern läuft der Planungsprozess immer im Vorhinein. Beim klassischen Hausbau dagegen wird meist schon mit dem Bau begonnen, wenn noch nicht alle Detailplanungen abgeschlossen sind. Oft muss man dann noch etwas verändern und das verteuert den Bau natürlich. Der zweite Vorteil ist, dass wir die Produktionsbedingungen sehr gut im Griff haben. Bis auf die Endmontage findet alles in Industriehallen unter Dach statt und wir verfügen über eine Qualitätskontrolle, bevor die Teile auf die Baustelle gehen. Außerdem sind alle Gewerke, wie Heizung, Sanitär- und Elektrotechnik sehr sauber aufeinander abgestimmt. Das ist im konventionellen Bau oft nicht der Fall. Das wird in Zukunft wichtiger, denn es wird immer mehr Technik in einem Haus stecken. Außerdem ist der Fertighausbau sehr schnell: Bei einem kompakten Baukörper brauchen wir auf der Baustelle meist nur einen Tag. Bei komplexeren Bauvorhaben dauert es zwei oder drei Tage, dann ist das Dach montiert und dicht und das Haus von außen abgeschlossen. Innen gibt es dann natürlich noch Arbeiten.

Welche Materialien haben aus Ihrer Sicht Zukunft?

Holz hat sowohl weltweit wie auch bei uns in Deutschland die größte Tradition als Baumaterial. Das wird

MODULAR BAUEN

„FlyingSpace" heißt ein etwa 50qm großes Fertighausmodul (Fotos auch rechts), das bereits fertig montiert an der Baustelle angeliefert wird. Die „FlyingSpaces" sind so konstruiert, dass sie auf viele Arten untereinander zu einem größeren Haus kombiniert werden können, aber auch als Anbau, als Aufstockung für ein bestehendes Gebäude oder als selbstständige Einheit genutzt werden können.

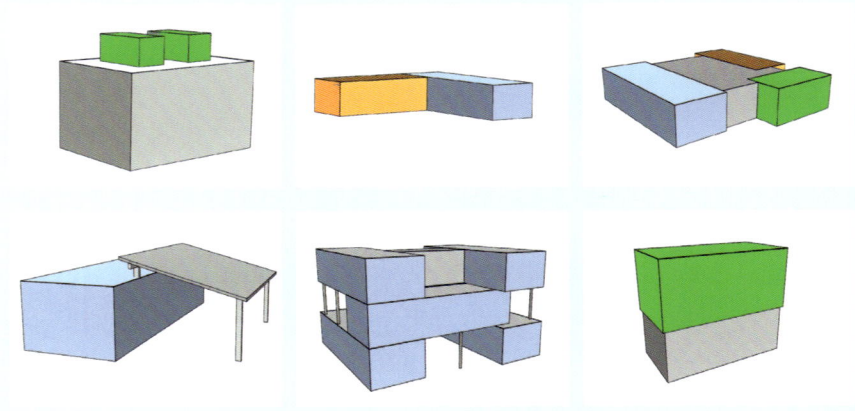

FERTIGHAUSBAU LIEGT VOLL IM TREND
Kriterien, die zukünftigen Bauherren beim Hausbau wichtig sind:

92% Transparente und gut kalkulierbare Baukosten

88% Hohe Energieeffizienzstandards

63% Erfahrener Baupartner, der alle Leistungen aus einer Hand anbietet

53% Realisation in kurzer Bauzeit

52% Integration einer intelligenten Haustechnik

30% Moderne Architektur

---

sich kaum ändern. Ein großer Vorteil von Holz ist, dass man es in der sogenannten Gefachbauweise verarbeiten kann. In diese „Fächer" lässt sich sehr viel Technik einbauen. Das kommt der Vorfertigung im Werk zugute, denn wir können bereits hier einen großen Teil der Installationen in das Haus integrieren. Das wird in Zukunft immer wichtiger. Wir kombinieren aber auch viele spezielle Werkstoffe mit Holz, die Schwachpunkte des Materials Holz ausgleichen, beispielsweise Gipskartonplatten oder Beton. Das nennt man Hybrid-Bauweise.

Stammt das Holz, das Sie verarbeiten, aus der Region?
Wir bekommen unser Holz aus einem Umkreis von 50 Kilometern. Das ist ökonomisch wie ökologisch von Vorteil. Und unserer regionalen Geschichte entspricht es auch: Die Schwäbische Alb hat eine lange Tradition in der Holzverarbeitung. Wir besitzen auch ein eigenes Sägewerk, sodass wir die gesamte Verarbeitungskette in unserem Betrieb abwickeln können.

Wie beurteilen Sie generell die Entwicklung beim Bau?
Ein großes Problem ist die Preissteigerung beim Bauland. Im Moment verdienen nicht die Bauunternehmen, sondern die Grundstücksbesitzer, die ihre Grundstücke teuer verkaufen können. In der Zukunft, denke ich, werden sich die Regionen sehr unterschiedlich entwickeln: Beispielsweise in München oder in anderen Ballungsregionen wird es immer teurer werden, in anderen Regionen jedoch, wo die junge Bevölkerung wegzieht, werden die Preise vielleicht sogar leicht sinken.

Viele Menschen werden heute immer mobiler in ihrer Lebensweise. Was bietet die Fertighausindustrie für solche moderne Nomaden?
Wir haben dafür das Hauskonzept „Flying Space" entworfen: Der Flying Space ist eine komplette Wohneinheit mit den Maßen 14,50 x 4,35 Meter, die transportierbar ist.
Das eignet sich für Kunden, die ihre Immobilie zu einer Mobilie machen möchten: Sie können ihr Haus

„FlyingSpace" im wahrsten Sinne des Wortes: Bei bestehendem Fundament ist die Montage in einem Tag erledigt.

50 Quadratmeter zusätzliche Wohnfläche in kürzester Zeit: Der „FlyingSpace" als Erweiterung eines Altbaus in Mannheim.

Hochflexibel in seiner Wohnungsaufteilung ist das Case Study House #1 aus vorgefertigten Modulen auf der IBA in Hamburg.

Das Schwörer Musterhaus im Energieplus-Standard in Wuppertal zeigt eine fast unsichtbare Photovoltaik-Fassade in einer dunklen Glasoptik.

mitnehmen, wenn sie umziehen. Eine weitere Idee ist, dass eine Familie sich aus mehreren solcher Module ein Haus zusammenbaut. Jedes Kind bekommt so eine Einheit. Wenn die Kinder klein sind, dann steht alles auf einem Grundstück, und wenn sie zum Studium aus dem Haus gehen, dann können sie ihren Flying Space mitnehmen. Dazu braucht es allerdings Stadtverwaltungen, die solche mobilen Heime, zum Beispiel für Studenten, auch akzeptieren. Den Flying Space kann man natürlich auch als Anbau benutzen. Oder man stellt ihn auf ein Stadthaus mit entsprechender Statik. Er ist komplett aus Holz, hat also auch ein eher geringes Gewicht. Die gut 50 Quadratmeter kosten zwischen 60.000 und 100.000 Euro – je nach Ausstattung. Die Wohneinheit kommt komplett fertig aus der Fabrik, auf der Baustelle muss man nur Punktfundamente errichten und für die Anschlüsse sorgen. Der Aufbau ist eine Sache von wenigen Stunden. Wenn das Haus morgens kommt, dann sind Sie am Abend eingezogen.

Sie haben noch ein weiteres modulares Konzept für die Internationale Bauausstellung in Hamburg realisiert.
Zusammen mit den Hamburger Architekten Fusi & Ammann haben wir das „Smart Price House" auf der IBA als Mehrfamilienhaus gebaut. Dazu wurden 45 Quadratmeter große Wohnmodule entwickelt, die man horizontal und vertikal zusammenbinden und stapeln kann. Die einzelnen Module lassen sich auch wieder trennen. Alle Sanitärinstallationen stehen als Box drinnen. Man ist also sehr flexibel, auch über viele Jahre hinweg. Diese Flexibilität beim Wohnen ist natürlich interessant, wenn man über mehrere verschiedene Lebensabschnitte in einem Haus bleiben möchte. Dazu muss man aber darauf achten, Tür-Anschlüsse für Übergänge und Treppen auf für künftige Nutzungen gleich mitzuplanen. Im Hamburger Haus haben mehrere Bewohner das schon so gemacht, sodass sie später einmal die Wohnungen vergrößern oder verkleinern können. Die Innenräume sind übrigens komplett offen. Mit Einbaumöbeln lassen sich sehr gut Trennwände gestalten. Das Projekt passt auch für Baugruppen und fürs Wohnen im Alter. In Pfullingen, am Fuß der Schwäbischen Alb, werden wir demnächst ein zweites Haus dieser Art bauen.

Wie steht es um die energetische Bilanz von Fertighäusern?
Die meisten Plusenergie-Häuser, die heute gebaut werden, sind Fertighäuser. Wärmerückgewinnung, Wärmepumpen und die Integration von Photovoltaik ins Haus sind vertraute Technologien für uns. Da waren wir als Industrie früher dran als die Planer der meisten konventionellen Bauten. Das gilt für viele Hersteller. In Wuppertal wurde eine interessante Siedlung errichtet, die „Fertighaus-Welt Wuppertal", bei der mehrere Plusenergiehäuser ihre nicht gebrauchte Energie in einen großen Speicher einspeisen. Die Häuser der Umgebung können dann ihre Energie aus diesem Speicher ziehen. In solch einem lokalen Verbund steckt ein großes Potenzial für die Zukunft.

Wo sehen Sie noch Handlungsbedarf für die Zukunft?
Ein Thema ist die Integration der Elektromobilität ins das System des Hauses. Das Haus stellt dabei über seine Photovoltaik den Strom für das Elektroauto zur Verfügung. Der Strom ist sauber und muss nicht über lange Leitungen mit großen Verlusten transportiert werden. Das werden wir sehr bald realisieren und anbieten.

MERKZETTEL

1.
Bauherren sollten bei den Kosten eines Fertighauses sehr genau hinschauen.

2.
Es lohnt sich, die Fabrik des Fertighausherstellers zu besuchen und sich selber einen Eindruck vor Ort zu machen.

3.
Man sollte darauf achten, ob der Hersteller auch eine Nachbetreuung des Baus anbietet.

4.
Damit ein Haus zukunftsfähig ist, sollte es leicht und mit möglichst geringen Kosten umbaubar sein.

PROJEKT 08 | AKTIVHAUS B10

Effiziente und „spendable" neue Nachbarschaft für die berühmte Stuttgarter Weißenhofsiedlung: Dank eines raffinierten Energiekonzepts mit selbstlernender Gebäudesteuerung soll das Aktivhaus B10 das Doppelte seines Energiebedarfs aus nachhaltigen Quellen erzeugen. Mit dem Überschuss versorgt es zwei Elektroautos und das benachbarte Museum.

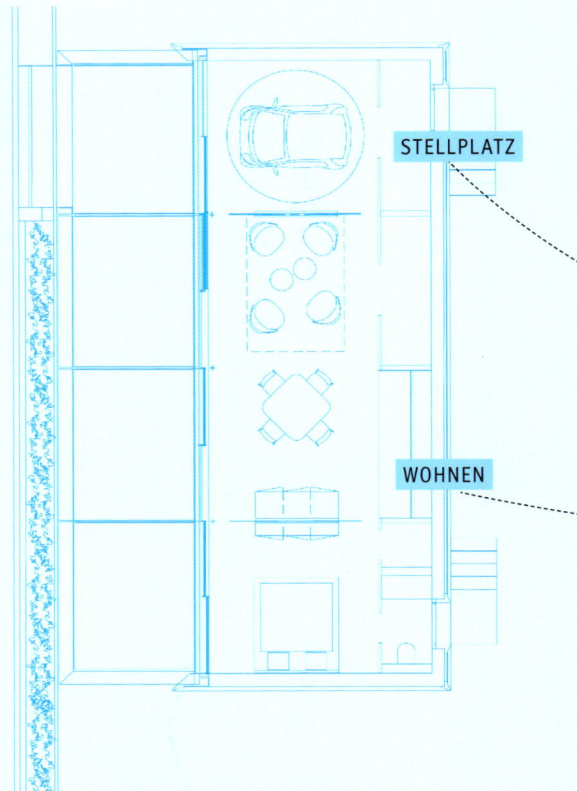

STELLPLATZ

WOHNEN

»NEUE HÄUSER SOLLEN ALTE MITVERSORGEN KÖNNEN – WIR NENNEN DIES DAS PRINZIP DER SCHWESTERLICHKEIT. ENERGIE WIRD DADURCH DORT VERBRAUCHT, WO SIE ERZEUGT WIRD.«

WERNER SOBEK, ARCHITEKT

ARCHITEKT	Werner Sobek
FERTIGSTELLUNG	2014
STANDORT	Stuttgart
SONSTIGES	Forschungsgebäude in Fertigbautechnik

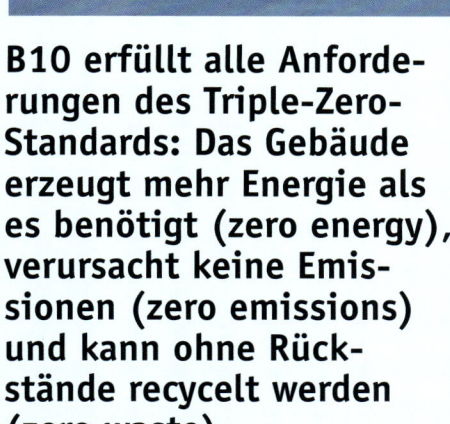

B10 erfüllt alle Anforderungen des Triple-Zero-Standards: Das Gebäude erzeugt mehr Energie als es benötigt (zero energy), verursacht keine Emissionen (zero emissions) und kann ohne Rückstände recycelt werden (zero waste).

Die geschosshohen Fensterfronten öffnen das Haus zum Licht und genügen höchsten technischen Standards: Erstmals wurde nur 17 Millimeter dickes Vakuumglas in dieser Weise eingesetzt.

01 PV-Anlage/Attika
02 Decke/Beleuchtung
03 Elektrotechnik-Modul
04 Technische Gebäudeausrüstung
05 Küchen-Modul
06 Bad-Modul
07 Schiebeelement zu Modulen
08 Trennwand Eingang
09 Trennwand Schlafen
10 Drehscheibe
11 Textilfassade/Beleuchtung
12 Flying Space/Wandbeläge
13 Boden/ELT-Versorgung
14 Glasfassade/Sonnenschutz
15 Rotationsklappe/Stahlrahmen

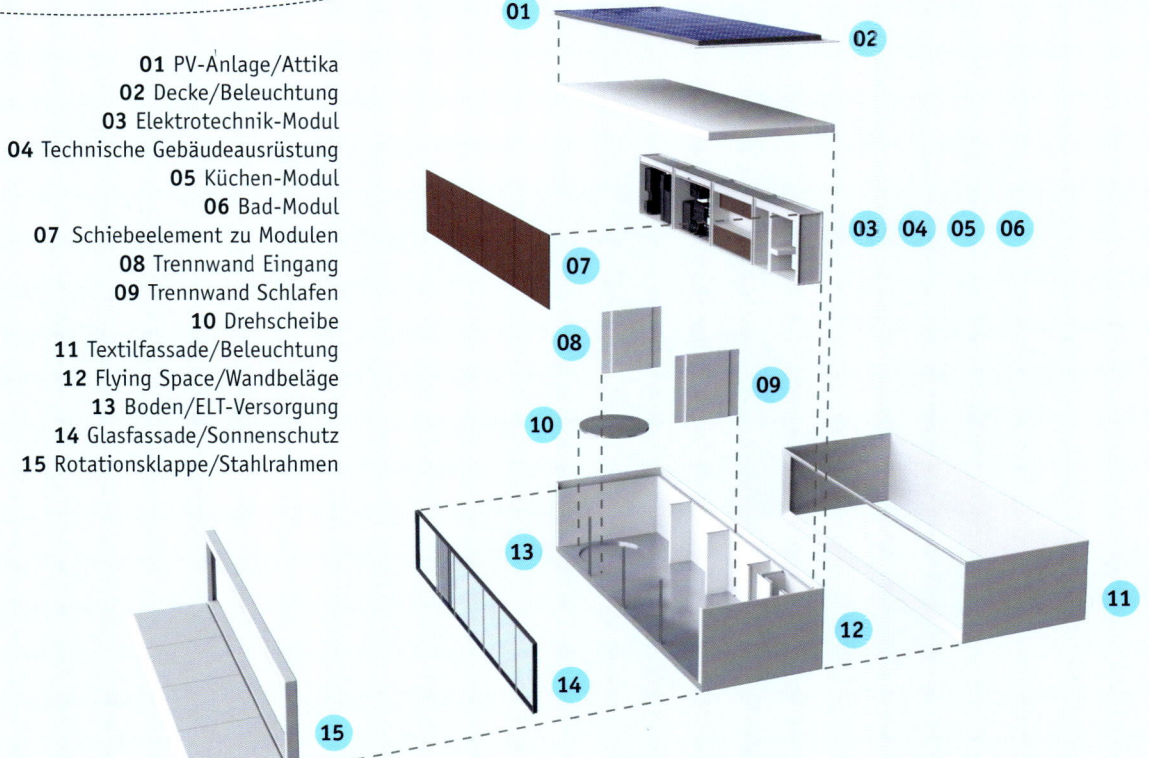

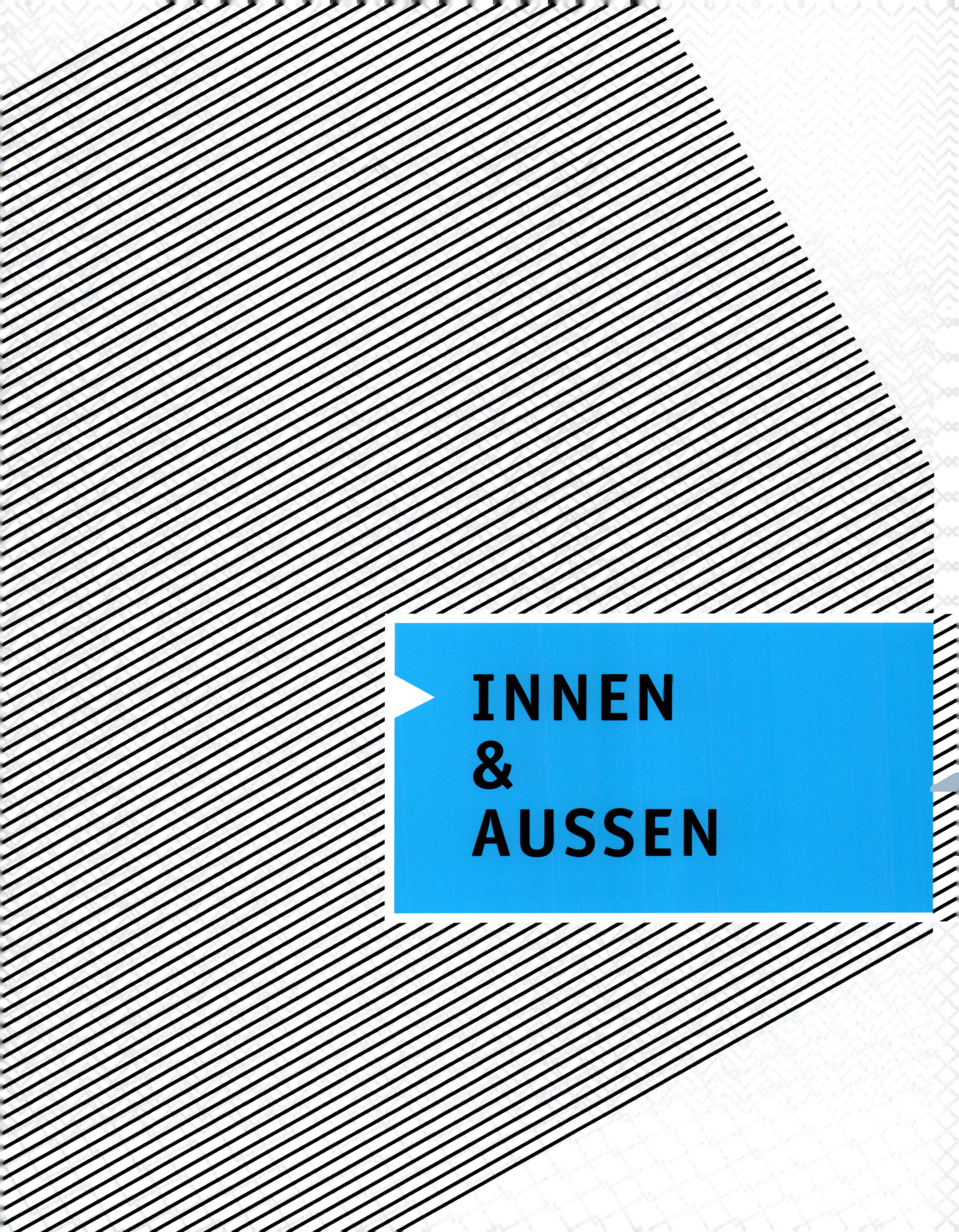

WOHNRÄUME DER ZUKUNFT

Konstantin Grcic gilt international als einer der wichtigsten Designer der Gegenwart. Nachdem er das Schreinerhandwerk gelernt hatte, studierte er am Londoner Royal College of Art und im Atelier von Designlegende Jasper Morrison. Am liebsten arbeitet Grcic für die Möbelindustrie. Viele seine Entwürfe gelten schon heute als Klassiker, wie die beiden Stühle *Chair One* und *Mytho*, die Leuchte *Mayday* oder das schräge Regal *Es*.

INTERVIEW

09
DIE DINGE, DIE HEIMAT AUSMACHEN

Design und Wohnen der Zukunft

„Mayday", Grcics Leuchte für alle Fälle, kann stehen, liegen und hängen.

Wie werden wir unsere Wohnung in Zukunft einrichten? Auf den Kölner Möbelmessen von 1969 und 1970 stellten die beiden Größen der damaligen Design-Szene, Joe Colombo und Verner Panton, dem Publikum ihre Vorstellungen vom Wohnen der Zukunft vor. Visiona nannten sie ihre spektakulären Räume. Visiona ist Designgeschichte. Heute wirken die futuristischen Wohnlandschaften ein wenig wie aus der Zeit gefallen. Kaum jemand hat wohl je so gelebt. Für uns sieht die Zukunft des Wohnens anders aus. Wir befragten den Münchner Designer Konstantin Grcic, der im Vitra Design Museum in Weil am Rhein eine Ausstellung dazu gestaltet hat, zu seinen Visionen.

Wie sieht Ihre Vision vom Wohnen aus?

Ich habe meine Ausstellung in vier Räume aufgeteilt. Drei davon bespielen wir mit Inszenierungen, jede mit einem anderen Thema: das private Wohnen, die Arbeit und das öffentliche Leben.

Zu allererst: Wir dürfen uns die Zukunft nicht so vorstellen, dass alles so aussehen wird wie heute. Hier Wohnzimmer, da Essraum, dort Schlafzimmer. Meine Inszenierung bezieht sich auf die persönlichen Spuren eines Menschen. Bei Visiona war alles eine einzige große Form. Es gab kein Augenmerk auf persönliche Dinge. Für mich aber sind die *sieben Sachen* eines Menschen das wichtigste, die oft kleinen Dinge, mit denen man durchs Leben geht. Auch in der Zukunft. Das sind aber nicht unbedingt futuristische Dinge. *(Grcic zeigt auf einen viel benutzten hölzernen Arbeitsstuhl aus den 1950er Jahren.)* Dieser Stuhl begleitet mich schon Jahrzehnte. Ich mag ihn und werde ihn weiter benutzen. Unsere

Wohnen in der Landschaft: 1970 sah die Zukunft noch rosarot und nach Science Fiction aus. Seine damalige Vision präsentierte der Designer Verner Panton auf der Kölner Möbelmesse.

Individualität spielt eine große Rolle. Die Dinge der Vergangenheit sind wie ein Abbild einer Person – etwas sehr eigenes und persönliches. Es muss nicht alles nach Zukunft aussehen, was mich in die Zukunft begleitet. Es muss mit mir zu tun haben.

Die Entwürfe von vor 40 Jahren sehen viel futuristischer aus als Ihre.

Das war eine andere Zeit. Damals flog man zum Mond und der Blick des Menschen wurde ganz weit. Heute bedeutet Zukunft Nachdenken. Weniger in plakativen Bildern oder Wohnlandschaften, eher in Antworten auf aktuelle Probleme und einen sich schnell wandelnden Lebensstil. Es wird darauf nicht nur eine Antwort geben, sondern viele. Wenn man heute mit Menschen über die Zukunft spricht, dann hat jeder eine andere Vorstellung davon. Heute haben wir gelernt, dass Zukunft etwas Offenes ist, das man sich immer neu erarbeitet. Früher war der Blick darauf viel enger.

Dazu ist es sicher interessant, die alten *Visionas* mit meinen Installationen zu vergleichen. Mancher wird denken, der Panton war vor 40 Jahren viel moderner als der Grcic heute. Aber wir haben ein anderes Bild vom Menschsein und wir haben neue Aufgaben, die uns noch eine Weile begleiten werden: das Klima, die sich verändernde Demografie, die Migration.

Wie haben Sie Ihre Zukunft nun konkret gestaltet?

Den ersten Raum nennen wir den *Life Space*. Er hat ein riesiges Fenster mit Blick auf einen großen Flughafen. Das irritiert. Wo lebt dieser Mensch, dessen Wohnraum ich da zeige? Mitten im Kerosin! Dafür er hat einen guten Anschluss an die Welt. Die globale Mobilität. Ansonsten ist es eine kühle, banale Raumhülle. Alles wirkt anonym, ist etwas Vorgefundenes. Diese Hülle wird innen durch Module gestaltet, in denen die Klimaanlage, eine Art Schrank und eine Soundanlage stecken. Sie sind ein bisschen Architektur und ein bisschen Möbel. Die Module haben Tragegriffe, damit man sie leicht bewegen kann. Dazwischen gibt es persönliche Dinge, aber nur wenige.

Was braucht man, um sich wohl zu fühlen?

Man sagt, ein Deutscher besitzt im Durchschnitt 10.000 Dinge. Wie viele davon benötigt man wirklich? Wenn wir auf Reisen sind, dann reichen ein paar wenige Sachen, um ein Hotelzimmer persönlich zu gestalten. Gegenstände, mit denen man eine gemeinsame Geschichte hat. Damit besetzt man den Ort. Das wird auch in Zukunft so sein und das interessiert mich als Designer, denn wir arbeiten ja genau an solchen Produkten. Ich wurde einmal eingeladen, in Rom eine Ausstellung mit persönlichen Gegenständen von Goethe zu gestalten. Bei der Vorbereitung bin ich zufällig auf einen Schrank gestoßen, in dem Sachen von ihm aufbewahrt wurden, die niemand richtig erfasst hatte, Überbleibsel der Archivierung. Eine Streichholzschachtel mit alten Knöpfen, ein kaputtes Tintenfass. Alles kleine Dinge, die keinen Wert hatten, aber weil sie von Goethe stammten, hat sie niemand weggeschmissen. Aber auch Goethe hat sie nicht weggeschmissen. Deswegen habe ich sie ausgestellt. Es sind kleine Dinge, aber

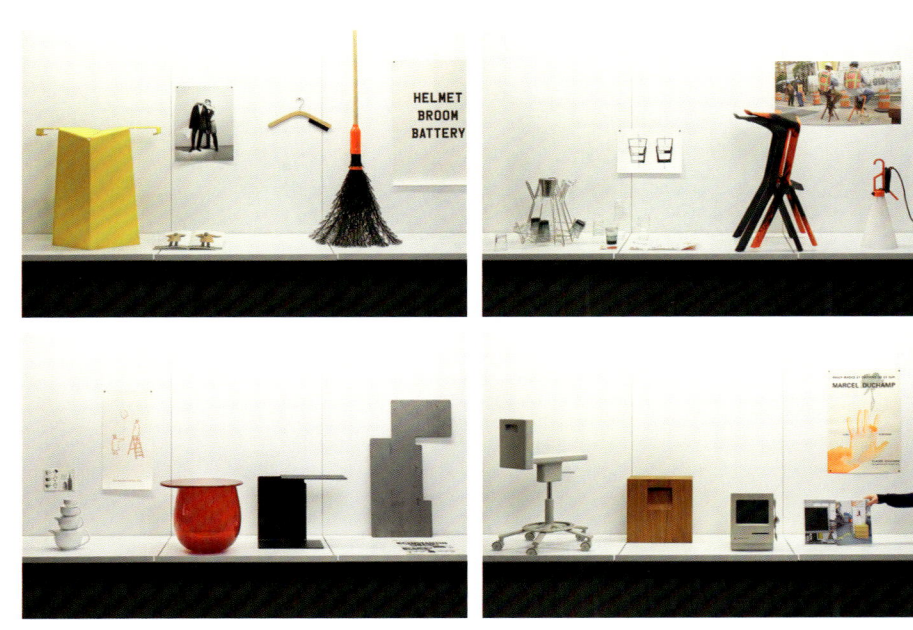

Ziemlich kühl ist die Zukunft des Wohnens, wenn man Konstantin Grcic folgt: Funktionale und gerasterte Elemente wie diese Raumteiler werden mit nur wenigen persönlichen Dingen kombiniert.

Die Lieblingsstücke des Designers: Eigene Entwürfe und andere Utensilien des Alltags im Ausstellungsregal des Vitra Design Museums in Weil am Rhein.

109

Beherbergt sicher weit mehr als die 10.000 Dinge, die ein Deutscher im Durchschnitt besitzt: Das originale Atelier von Konstantin Grcic in München.

Abgeschirmt und introvertiert ist auch Grcics Vorstellung von der Berufswelt von morgen, die viel mit seiner eigenen Tätigkeit zu tun hat: in der Mitte ein großer Arbeitstisch mit Möbelentwürfen, aber kein Ausblick, keine Fenster.

Ein Tempel des Digitalen, das neue Headquarter des Apple-Konzerns in Cupertino.

sie sagen etwas über ihren Besitzer aus. Der Wert von Dingen ist sehr subjektiv.

Was zeigen Sie im zweiten Raum?
Der zweite Raum befasst sich mit der Welt der Arbeit, dem Work Space, in diesem konkreten Fall der Arbeit eines Designers. Dieser Raum hat keine Fenster. Als Verbindung zum Außen dient die Projektion eines Films. Dieser dunkle Raum befindet sich an keinem bestimmten Ort. Er könnte im Keller sein, in einem Felsen oder in der Wüste. Das Klischee, dass ein Designer in einem schicken Loft arbeitet mit Blick auf Manhattan, stimmt ja schon heute nicht mehr. Kaum jemand kann sich das noch leisten. In der Mitte steht ein Tisch als Symbol: Hier wird gearbeitet.
Ein paar Objekte von mir stehen herum, die zeigen, dass Design auch in ein paar Jahren noch handfest sein wird. Und wir stellen die Frage, ob Design zukünftig nicht auch etwas wird, was Menschen zusammen gestalten und im Netz austauschen. Entwürfe, die man sich herunterlädt und auf einem 3D-Drucker selbst herstellt. Vielleicht ist der Designer der Zukunft nicht mehr wie heute ein Autor. Aber nicht immer wird Neues das Alte verdrängen: Es wird weiter Fabriken geben, die Produkte herstellen, und daneben entstehen ganz neue Prozesse, wie Dinge in die Welt kommen.

Wird es in unserer Zeit noch die ganz großen Entwürfe und Projekte geben?
Sicher! Letztes Jahr war ich an der Baustelle des neuen Headquarters von Apple in Kalifornien. Die bauen ein riesiges, ringförmiges Gebäude. Sehr klassisch. Nur kein Plastik. Eher unbehandeltes Holz oder Aluminium. Etwa so wie das Apple-System selbst: Hardware und Software bilden dort ja auch quasi einen in sich geschlossenen Ring. Interessanterweise entsteht nur ein paar Kilometer entfernt der neue Komplex von Facebook, der ganz anders aussieht: eher wie ein buntes Dorf. Viele junge Leute gehen rein und raus, eine *open community*. Die Software, die Facebook macht, ist nie fertig. Alles ist offen und kann schnell umgebaut werden. Man sieht die Kabel – und kann sie blitzschnell austauschen. Man hat keine Bürotische mehr, dafür gibt es Schaukeln, Couches

Er heißt schon „Myto" – und wurde als erster Freischwinger aus Kunststoff nach seinem Erscheinen 2008 schnell zu einem Stuhl-Mythos.

Bei Grcic haben viele einfache Dinge des Lebens etwas Besonderes: der freundliche Schwung der „Bench_b" aus Aluminium (2) oder „Pallas", der Tisch mit Knick (1). Wer sagt, dass ein Regal nicht wackeln darf? „Es" (3) ist nicht starr und doch stabil. Überhaupt Flexibilität: „Tom Tom", mal kleiner Esstisch, mal Beistelltisch (4).

und Bars. Überall findet Kommunikation statt. Daran sieht man: Das Design ist ein Spiegel dessen, was dort getan wird.

Wie gehen wir mit neuen Materialien im Zeitalter der Nachhaltigkeit um?

Gutes Design dreht sich immer um einen verantwortungsvollen Umgang mit den Ressourcen. Leichtes Carbon zum Beispiel ist für einen Stuhl nicht sinnvoll. Ein hölzerner Thonet-Stuhl hat gerade das richtige Gewicht. Weniger wiegen muss eine Sitzgelegenheit nicht. Wir bauen ja „nur" einen Stuhl, keine Mondrakete. Ich selbst arbeite gern für kleine Möbelhersteller, die oft aus einer Schreinerei hervorgegangen sind. Und ich arbeite gern mit Holz. Aber wenn ein Möbelstück in der ganzen Welt verkauft wird, dann müsste es, wäre es aus Holz, für die Schiffstransporte aufwendig versiegelt werden. Manchmal ist dann Kunststoff einfach der bessere Weg. Gutes Design wird sich auch morgen solchen Fragen stellen.

Wie gehen Sie damit um, dass immer mehr Gegenstände einfach digitalisiert werden in unserer Welt?

Die Digitalisierung unserer Welt löst viele Dinge auf. Das wird die Anzahl unserer *sieben Sachen* verringern und verändern: Der iPod hat die Plattensammlung weggefegt. Das ist praktisch, aber die Platten sind eben keine Platten mehr. Früher kam die Erinnerung, wenn ich die Plattenhülle von Ziggy Stardust in den Händen hatte. Heute habe ich nur noch ein simples Bild von ihm auf dem Display. Aber dafür habe ich vielleicht eine Sammlung von Vasen. Es entstehen damit neue Möglichkeiten.

Und die Möbel der Zukunft?

Die Grundtypen der Möbel haben sich seit Langem wenig verändert. Wir bauen einen Holzstuhl, fast so, wie die alten Ägypter es schon gemacht

Wenig optimistisch ist Grcics Vision für den öffentlichen Raum: Hohe Gitter trennen den Betrachter von der Welt.

hatten. Es gibt den Stuhl, den Tisch, den Stauraum, das Bett. So schnell digitalisieren die sich nicht weg! Aber manche Bedürfnisse verändern sich. Vieles kann ich heute auf dem iPad erledigen. Dazu brauche ich keinen Bürostuhl mehr. Also werden sich auch Möbel verändern.

Und Ihr dritter Raum in der Ausstellung?

Das ist der Public Space: Da zoomt die Kamera immer weiter weg, weg von der Wohnsituation und hin in ein ganzes Panorama. Ein Londoner Künstler, der sonst Hintergründe für Filme gestaltet, hat es gemalt. Ich habe ihm nur vage Anweisungen gegeben. Der Raum besteht nur aus dem Panoramabild und ein paar Sitzgelegenheiten. Es ist ein Schauen auf die Welt, ein distanzierter Blick.

Ihr Zusammensetzen der Umgebung aus unterschiedlichen persönlichen Dingen wirkt gar nicht mehr einheitlich, eher wie eine Collage?

Unser Leben ist heute viel öffentlicher geworden. Der Mensch muss einen Umgang damit finden, um sich dort sicher zu fühlen. Er muss etwas haben, was ihm Rückhalt bietet. Das können sehr persönliche Dinge sein, aber auch eine App auf dem Smartphone. So wie Kinder, die ihr Lieblingstier überall mit hinnehmen. Das ist einfach menschlich.

Hat Ihre Vorstellung von Gestaltung der Zukunft mit Freiheit zu tun?

Die alten Regeln lösen sich auf. Die Möglichkeiten wachsen in Zukunft. Das macht alles offen und spannend.

Gleich als er auf den Markt kam, wurde er zum Klassiker der Moderne: der „Chair One" mit schwerem Betonfuß.

PROJEKT 09 | K.I.S.S. – DAS 3-TYPEN-WOHNHAUS

Bekannt wurde das Schweizer Architekturbüro *Camenzind Evolution* mit seinen innovativen Einrichtungskonzepten für Google-Büros. In der Zürcher Badenerstraße realisierten die Architekten das Wohnhaus K.I.S.S. mit 46 Maisonette-Wohnungen in drei unterschiedlichen Designs.

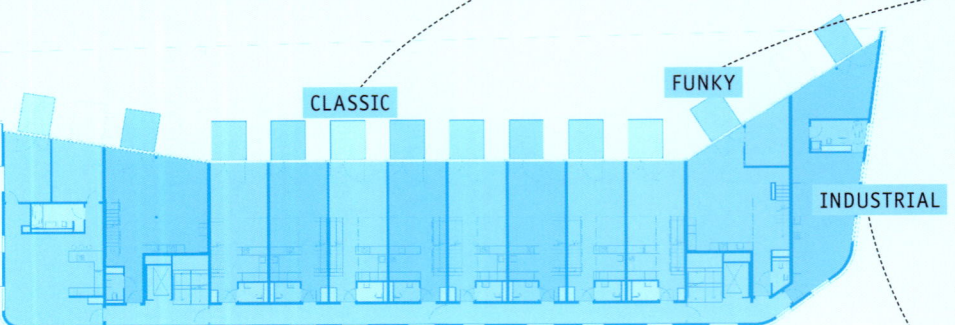

»DIE WEISS GESTRICHENE UND AUF PRAKTISCHEN NUTZEN AUSGERICHTETE WOHNUNG ENTSPRICHT NICHT MEHR DEM ZEITGEIST. MENSCHEN MÖCHTEN ZUKÜNFTIG IN IHREM ZUHAUSE IHRE EINZIGARTIGKEIT UND IHRE VORLIEBEN ZEIGEN KÖNNEN.«

STEFAN CAMENZIND, ARCHITEKT

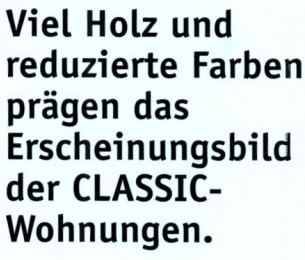

Viel Holz und reduzierte Farben prägen das Erscheinungsbild der CLASSIC-Wohnungen.

Innen können die Bewohner zwischen drei Interiors wählen: Die FUNKY-Wohnungen haben Bullaugen-Fenster im Bad, Mut zu ungewöhnlichen Farben, Maschendrahtgeländer und ein riesiges Graffiti im offenen Wohnraum.

Sichtbeton und Edelstahl dominieren in den klaren und loftartigen Apartments im INDUSTRIAL-Stil.

Die Außenfassade mit den leicht gekippten Fensterrahmen wirkt expressionistisch.

ARCHITEKT
Camenzind Evolution

FERTIGSTELLUNG
2011

STANDORT
Zürich

SONSTIGES
46 Wohnungen in drei unterschiedlichen Interiordesigns

LICHT

Christian Bartenbach stammt aus einem Pionierunternehmen der Wissenschaft des Lichts. Schon 1976 gründete Vater Christian Bartenbach senior ein Ingenieurbüro zur Erforschung der Wirkungen von natürlichem und künstlichem Licht auf den Menschen. Heute ist daraus ein Unternehmen mit 80 Mitarbeitern geworden, das überall auf der Welt Beleuchtungskonzepte für große und kleine Gebäude erstellt. An der Bartenbach Lichtakademie bei Innsbruck werden Lichtgestalter und Architekten ausgebildet. Christian Bartenbach versteht sich bereits seit seinem 23. Lebensjahr als „Lichtschaffender" und „Lichtforschender".

INTERVIEW

10
DIE SONNE MUSS INS HAUS!

Tageslicht und Kunstlicht in der Architektur

Licht ist unerlässlich für Leben an sich und die Art des Lichts ein wichtiger Faktor für die Lebensqualität. Erst seit Kurzem gelingt es den Wissenschaften, die biologischen Abläufe zu entschlüsseln, mit denen Helligkeit und Lichtfarben unser Leben beeinflussen und für Gesundheit, guten Schlaf und Wohlbefinden sorgen. Fast gleichzeitig wurde mit der LED-Leuchte eine neue und energieeffiziente Technologie serienreif gemacht: LEDs benötigen etwa 80 Prozent weniger Strom als konventionelle Glühbirnen und können gleichzeitig ein auf unsere Biologie gut abgestimmtes Licht erzeugen. Über die Zusammenhänge von guter Licht-Architektur und Wohlbefinden für die Bewohner berichtet Christian Bartenbach zusammen mit seinem Projektleiter Andreas Danler.

{ 80% }
des Energieaufwands für Beleuchtung lässt sich einsparen, wenn man Glühbirnen gegen LEDs austauscht.

Gibt es Grundregeln, wie ein Bauherr mit Licht umgehen sollte?
Christian Bartenbach: Das Wichtigste ist, so viel Tageslicht wie möglich in die Wohnung zu lassen. Sonnenlicht ist ein wundervolles Licht und es ist umsonst. Am besten passt man die Lage und die Größe der Fenster seinem Lebensstil an. Als wir vor Kurzem neu gebaut haben, haben wir unser Haus nach Westen hin ausgerichtet, weil wir alle berufstätig sind und so die Sonne am Abend genießen können. Im zweiten Schritt ergänzt man die Tageslichtöffnungen so, dass in Räumen keine finsteren Ecken entstehen. Dann erst kommt die Planung für das Licht am Abend.

Wie viel Helligkeit benötigt man in der Wohnung?
B: Wichtig sind die Bereiche, an denen man eine Tätigkeit ausübt: Küche, Arbeitsplatz, Esstisch,

Leseecke. Nicht gut ist es, wenn man über alles eine einheitliche Helligkeit legt. Dann sieht alles gleich milchig aus. Das entspricht nicht der menschlichen Wahrnehmung. Besser sind Lichtzonen mit unterschiedlichen Helligkeiten. Ein Küchentisch, an dem gearbeitet wird, sollte dreimal so hell sein wie sein Umfeld. Dann entsteht eine stabile Aufmerksamkeit. Mit einem Beleuchtungsstärkemessgerät kann man das messen.

Wie viel Licht braucht man eigentlich in der Wohnung?
Andreas Danler: Im Essbereich sollten es mindestens 300 Lux sein, im Arbeitsbereich besser 500 Lux. Wenn man zu Hause nachmisst, dann werden viele erschrecken, wie dunkel es ist. Manche Menschen leben mit nur 50 Lux. Das ist viel zu wenig! Selbst wenn man sich daran gewöhnt hat. Zu wenig Licht macht unkonzentriert. Das Gehirn muss nämlich immer gegen die geringen Kontraste „anrechnen". Das macht müde.
B: Kälte, Hitze oder Lärm nehmen wir bewusst wahr, aber wenn das Licht weniger wird, dann kann unser Körper dagegensteuern. Die Pupille passt sich der Lichtsituation an, indem sie sich öffnet oder schließt und das Gehirn rechnet dagegen. Aber diese Rechenleistung kostet Energie. Das richtige Licht hilft uns, aufmerksam und leistungsfähig zu bleiben. Das gilt auch für Blendungen. Wenn jemand an einem Fenster sitzt, das ihn blendet, dann hat er den Eindruck der Raum sei hell, auch wenn dem gar nicht so ist.

Gilt das für alle Menschen?
B: Im Alter benötigen wir noch deutlich mehr Licht, weil sich die Linse in unserem Auge mit den Jahren trübt und weniger Licht auf die Netzhaut gelangt. Nicht einmal die offiziellen Normen berücksichtigen das. An Arbeitsplätzen gilt eine Mindestnorm von 500 Lux für die Helligkeit. Dieser Wert funktioniert für junge Menschen. Ich bin jetzt Mitte vierzig und bräuchte eigentlich schon 50 Prozent mehr Licht, also 750 Lux. Jemand mit Mitte fünfzig braucht fast das Doppelte der Norm.
D: Wir haben vor einiger Zeit begonnen, Testwohnungen von älteren Menschen mit altersgerechtem Licht auszustatten. Die Menschen konnten feststellen, dass sie deutlich besser sehen konnten, als sie erwartet hatten. Das stärkt die Selbstständigkeit und die Mobilität der Senioren.
B: Ein Mangel an Tageslicht wirkt sich auch bei jüngeren Menschen in physiologischer und psychologischer Sicht negativ aus, denn ausreichend Tageslicht ist eine wichtige Grundlage für Wohlbefinden.

Woher kommt das?
D: Ein bedeckter Himmel hat eine Helligkeit von 5.000 bis 10.000 Lux, die strahlende Sonne bringt es auf bis zu 100.000 Lux. Wenn wir in einen Innenraum kommen, dann haben wir aber nur 500 Lux oder weniger. Das reicht nicht aus, um unseren Hormonhaushalt in Schwung zu bringen. Denn die Helligkeit regelt, wie Mediziner in den vergangenen Jahren erforscht haben, viele unserer biologischen Zyklen und unseren Hormonhaushalt. Das ist umso wichtiger, als wir 90 Prozent unserer Lebenszeit in Innenräumen verbringen. Eigentlich leben viele Menschen in einem permanenten Dämmerzustand, was die biologische Lichtwahrnehmung betrifft. Mediziner haben Hinweise darauf, dass dieses Licht-Defizit bei manchen Zivilisationserkrankungen eine Rolle spielt. Es gibt Gruppen von Menschen, die reagieren auf zu wenig Licht mit psychischen Störungen bis hin zu dem, was man Winterdepression nennt.
B: Wir sind als biologische Wesen durch eine lange Evolution entstanden. Unsere Ahnen haben sich über Tausende von Jahren mit dem

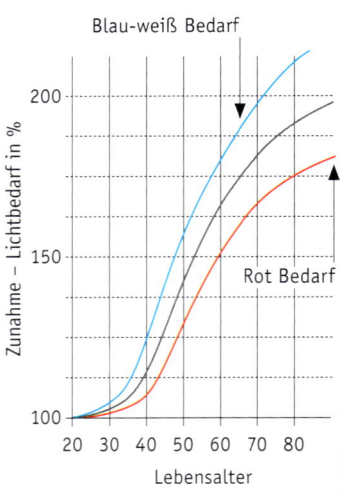

MEHR LICHT FÜR ÄLTERE

Schon mit dem 40. Lebensjahr beginnt die Helligkeitswahrnehmung deutlich nachzulassen. Ab 70 benötigt der Mensch für ein gutes Farbsehen doppelt soviel Licht, wie mit 20.

WICHTIGE BEGRIFFE RUND UM DAS LICHT

WATT (W) ist die Einheit für die elektrische Leistung. Über die Einschaltzeit wirkt sich die Leistung direkt auf den Energieverbrauch aus, der in Kilowattstunden (kWh) angegeben wird. Bis vor Kurzem konnten sich Verbraucher an der Wattzahl orientieren, wenn sie die Leuchtkraft einer herkömmlichen Glühbirne beurteilen wollten.

LUMEN (lm) ist die Einheit des Lichtstroms und löst die Wattzahl gerade als wichtigste Einheit in der Lichtgestaltung ab. Der Lichtstrom einer Leuchte gibt die Lichtmenge an, die sie abstrahlt. Auf Packungen von LED-Leuchtmitteln muss dieser Wert heute angegeben werden. Wer sein Licht noch mit den alten Wattzahlen kalkuliert, der kann die gewünschte Lumenzahl relativ einfach mit der Formel „Wattzahl der Glühbirne mal 10 ergibt Lumenzahl" errechnen. Bei LED-Leuchtmitteln beträgt dieser Faktor derzeit zwischen 80 und 120.

LUX (lx) ist die Maßeinheit für die Beleuchtungsstärke an einem Ort, auf den Licht fällt. Im Freien kann man an einem Sommersonnentag 100.000 Lux messen, an einem bedeckten Tag im Winter etwa 5000 Lux. In Innenräumen liegen die Werte fast immer deutlich niedriger, meist zwischen 20 und 1000 Lux. Der Lux-Wert spielt eine wichtige Rolle bei der Wohn- und Arbeitsplatzgestaltung, weil er angibt, wie hell eine bestimmte Fläche ist.

LEDs sind in unterschiedlichen Lichtfarben erhältlich. Der Fachmann spricht auch von der „Farbtemperatur". Der gleiche Raum: neutralweißes Licht (1), kaltweißes Licht (2) und einmal in warmweißem - Glühbirnen ähnlichem - Licht (3).

Lichttrompeten
In der Neuen Messe in Basel (oben, re. und li.) und der Augsburger Stadtbücherei (unten re. und li.) leiten Lichtschächte mit speziell facettierten Oberflächen das Tageslicht tief in die Gebäude.

Präzise Lichtmessung am Modell ist heute bei vielen Häusern ein wichtiger Teil der Bauplanung.

Sonnenlicht und mit dem natürlichen Tag-und-Nacht-Rhythmus entwickelt. Das steckt tief in unserer Entwicklungsgeschichte und steuert unsere Biologie. In Innenräumen halten wir uns überwiegend erst seit 100 Jahren auf. In solch einem kurzen Zeitraum kann sich ein biologischer Organismus nicht an ein technisches Licht anpassen. Deswegen sollten wir umgekehrt unsere Umgebung an unsere Biologie anpassen.

Ist ausreichende Helligkeit der einzige Faktor, auf den man achten muss?

B: Die richtige Lichtfarbe zur richtigen Tageszeit ist genauso wichtig! Auch das hat mit unserem Hormonhaushalt und unserem Rhythmus von Wachen und Schlafen zu tun. Dieser Rhytmus hängt neben der Helligkeit auch von der Farbe des Lichts ab. Abends zwischen 20 und 21 Uhr etwa beginnt der Mensch mit der Produktion des Hormons Melatonin. Melatonin regeneriert den Körper, wirkt gegen Alterung und fördert einen erholsamen Schlaf. Bläulich helles Licht stört diesen Prozess jedoch erheblich und kann bei vielen Menschen zu Schlafstörungen führen. Warmweißes Licht dagegen beeinflusst die Hormonproduktion nicht. Interessant ist, dass auch bei großen Helligkeiten der Melatonin-Haushalt stabil bleibt, vorausgesetzt, man nutzt die richtige Lichtfarbe.

D: Man sollte beachten: Nicht das Licht regt die Melatonin-Produktion an. Das macht der Körper selbst über seine innere Uhr. Aber das falsche Licht kann die Produktion behindern. Je älter der Mensch wird, desto weniger Melatonin produziert er. Das ist eine der Ursachen für Schlafprobleme bei Senioren. Die müssen also besonders gut darauf achten, dass ihre geringen Mengen Melatonin nicht durch falsches Licht beeinträchtigt werden. Überhaupt geraten die normalen Regelkreise der Hormone im Alter auch dadurch durcheinander, weil die Menschen nicht mehr genügend Tageslicht bekommen. Viele gehen nur wenig raus und haben dann zu Hause vielleicht noch zu wenig oder das falsche Licht. Das führt dann zu einem fatalen Zirkel mit Schlaflosigkeit und anderen gesundheitlichen Problemen.

Lichttherapie
Dieser Schreibtisch kann mit seinem Lichtbad milde Formen von Winterdepressionen heilen – frei von Nebenwirkungen.

Künstlicher Himmel
Mit diesem Versuchsaufbau im Bartenbach-Lichtlabor lassen sich am Architektur-Modell alle natürlichen Lichtstimmungen simulieren.

WAS BEDEUTEN DIE BEGRIFFE LICHTFARBE BZW. FARBTEMPERATUR?

Bei der Lichtfarbe unterscheidet man z.B. zwischen warmweißem, neutralweißem und kaltweißem Licht. Wenn man sich präziser ausdrücken möchte, spricht man über die Farbtemperatur in Grad Kelvin (K). Ein Kaminfeuer entspricht etwa 2000 Grad Kelvin. Eine klassische Glühbirne leuchtet bei 2500 bis 2700 Kelvin. Das kennen wir als warmweißes Licht. Dieses Licht ist die erste Wahl für den Wohnbereich. Ein Ergänzungslicht für Tageslicht sollte 4000 bis 5000 Kelvin haben. Dieses Neutralweiß wird verwendet, wenn man einen Raum, der gut mit Tageslicht versorgt ist, in den dunkleren Bereichen aufhellen möchte. Licht mit mehr als 5000 Kelvin gilt als Kaltweiß und wird für Wohnräume nicht benutzt. LED-Leuchten gibt es in vielen Lichtfarben. Die Kelvin-Werte findet man auf den Leuchtmittelpackungen.

Ganz neu am Markt sind LED-Lichtsysteme, die verschiedene Lichtfarben kombinieren: Damit kann man sich die Farbtemperatur genau so einstellen, wie man sie im Moment mag. In diesen Systemen sind wärmere und kältere LEDs kombiniert. Man steuert mit einer Fernbedienung, zum Beispiel im Smartphone, die gewünschte Lichtstimmung an.

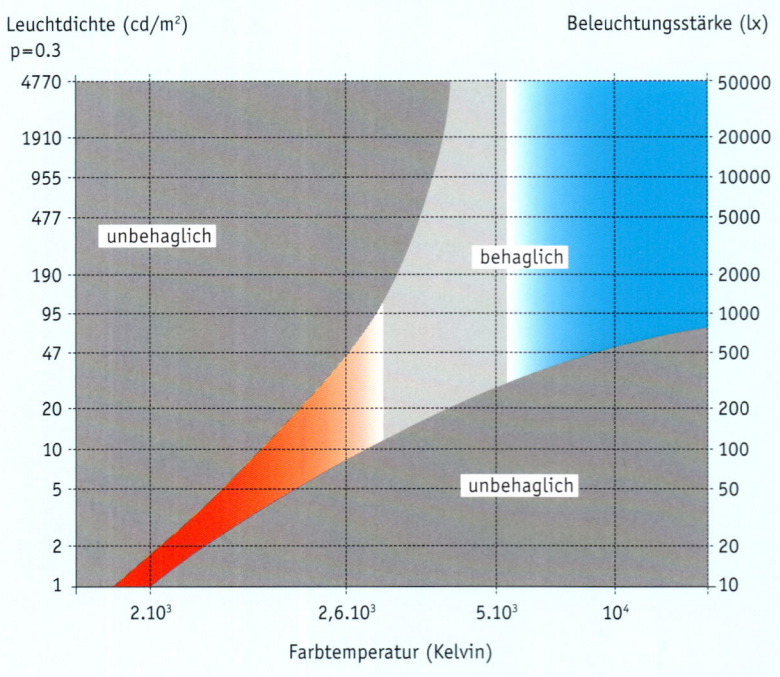

KRUITHOFF'SCHE BEHAGLICHKEITSKURVEN

Manchen Menschen sind LED-Leuchten unangenehm. Woran liegt das?

B: Wahrscheinlich haben sie die falsche LED. Die Glühbirnen besaßen immer eine annähernd gleiche Lichtfarbe, ein warmes Weiß. Bei LEDs kann man aber zwischen verschiedenen Farbtönen des Lichts wählen: Warmweiß, Neutralweiß und Kaltweiß. Das ist für viele noch ungewohnt. Für den Wohnbereich würde ich immer warmweiß oder Neutralweiß empfehlen. Warmweiß da, wo man sich entspannen möchte, und Neutralweiß dort, wo eher gearbeitet wird und zur Aufhellung von Räumen, die tagsüber nicht genug Licht erhalten. Ein kaltweißes Licht mit geringer Helligkeit ist sehr unbehaglich. Bei einem warmweißen Licht sind auch geringe Beleuchtungsstärken behaglich.

Was halten Sie von Energiesparlampen?

B: Das war nur eine Übergangstechnik. Die Qualität des Lichts ist für Wohnräume nicht geeignet. LED-Leuchten sind die richtige und energieeffiziente Alternative zur Glühlampe.

Was erwarten Sie von der brandneuen Technik der Flächenlichtquellen, den sogenannten organischen LEDs, auch OLEDs genannt?

D: Wir arbeiten in unseren Projekten noch nicht mit OLEDs. Die Technik ist zwar schon verfügbar, aber für eine sinnvolle, wirtschaftliche Anwendung noch Zukunftsmusik. Die Vision ist ja, damit einmal leuchtende Wände und Decken zu bauen. Aber bislang gelingt es nur, kleinere, noch sehr teure Elemente herzustellen.

Kann man mit Ihren Empfehlungen für ein gesundes Licht auch die Anforderungen an einen sparsamen Umgang mit Energie erfüllen?

D: Wir Planer stehen heute oft vor einem Problem: Wir wissen, dass

Der Raum als Reflektor
Decke, Wände und Möbel können mit reflektierenden und das Licht lenkenden Materialien belegt werden und so die Helligkeit eines Raums deutlich verbessern.

MERKZETTEL

1.
Viel Tageslicht in die Wohnung lassen! Wenn das nicht auf direktem Weg möglich ist, dann auf helle oder verspiegelte Flächen achten.

2.
Auch bei künstlicher Beleuchtung sollte immer ausreichend helles Licht mit einer für die Tageszeit angemessenen Lichtfarbe zur Verfügung stehen.

3.
Möglichst jede Form von Blendung vermeiden.

4.
Mit Licht sollte man Akzente setzen und interessante Lichtverhältnisse schaffen, nicht nur alles gleichmäßig ausleuchten.

mehr Licht notwendig ist, und schlagen das dem Bauherrn vor. Aber wegen der Mehrkosten für Investition und Betrieb belässt es der Bauherr oft beim Norm-Licht. Angetrieben von der Energiedebatte lassen sich leider viele dazu verführen, den Stromverbrauch durch weniger Licht zu minimieren.

B: Bei der Diskussion über ökologisch korrekte Häuser kommt bislang der Nutzen von Sonnenlicht in der Wohnung zu kurz. Es dreht sich fast alles um Sonnenschutz und viel zu wenig um Sonnennutzen. Im schlimmsten Fall wird an einem sonnigen Tag das ganze Gebäude verschattet und innen das Kunstlicht eingeschaltet.

D: Viele sorgen sich wegen der Wärme der Sonne und machen deswegen die Fenster dicht und innen Kunstlicht an. Dann aber produzieren die Lampen Wärme. Außerdem braucht man dann Strom und produziert CO_2. Dabei erzeugt zum Beispiel durch Jalousien kontrolliertes Sonnenlicht bei gleicher Helligkeit keineswegs mehr Wärme als eine LED oder eine Leuchtstoffröhre. Es ist also immer besser, 500 Lux mit Sonne zu erzeugen als mit Kunstlicht.

PROJEKT 10 | HAUS AM VENUSGARTEN

Statt einen bestehenden Obstgarten voller Marillenbäume zu zersiedeln, renovierte der Bauherr das Haus seiner Mutter und ersetzte das Dach des über 100 Jahre alten Hauses durch einen loftartigen Aufbau.

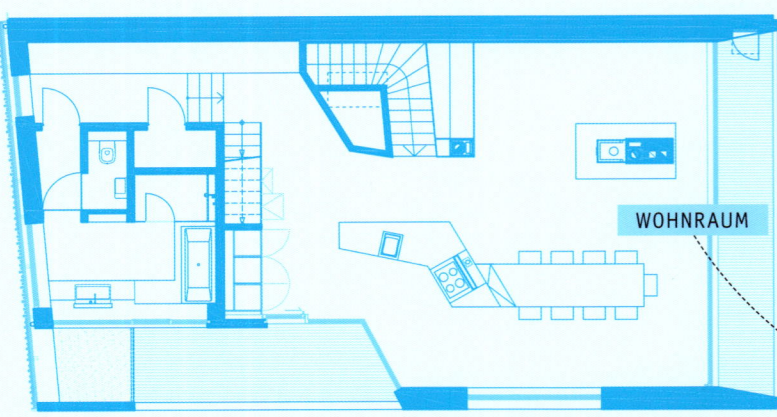

DACHGESCHOSS

WOHNRAUM

»FREUNDLICHE, LICHTDURCHFLUTETE RÄUME, IN WELCHEN WIR DEN LAUF DER SONNE WAHRNEHMEN KÖNNEN, SPAREN NICHT NUR ENERGIE – SIE SICHERN WOHLBEHAGEN UND LEBENSQUALITÄT.«

VOLKER DIENST, ARCHITEKT

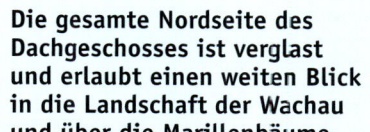

Die gesamte Nordseite des Dachgeschosses ist verglast und erlaubt einen weiten Blick in die Landschaft der Wachau und über die Marillenbäume.

ARCHITEKT
Volker Dienst
Christoph Feldbacher

FERTIGSTELLUNG
2013

STANDORT
Willendorf, Österreich

SONSTIGES
Hauserweiterung und -sanierung

Da es fast keine Wände gibt, wirkt der offene Wohnraum trotz der Verwendung von sehr viel Holz wie ein Loft.

Der neue Aufbau öffnet sich dem Tageslicht: Dachfenster spenden mehr als fünfmal so viel Licht wie senkrechte.

NATUR AM HAUS

Nicole Pfoser
ist Innenarchitektin, Architektin und Master of Landscape Architecture. Sie lehrt als Gastprofessorin für Nachhaltiges Entwerfen und Bauen in der Landschaftsarchitektur an der Hochschule für Wirtschaft und Umwelt in Nürtingen. Zuvor forschte sie an der Technischen Universität Darmstadt über die Begrünung von Fassaden- und Dachflächen und ihre Auswirkungen auf das klimatische Umfeld, auf den Energieverbrauch und die Lebensqualität.

INTERVIEW

11
GRÜNE HÄUSER – GUTES KLIMA – VIELE ARTEN

Bepflanzte Dächer und Wände verbessern die Umwelt, die Stadt und die Stimmung

---

Urban Gardening ist in. Auf allen möglichen Flächen auf, an und zwischen Häusern entstehen in unseren Städten gerade neue Gärten. Die Bepflanzung von Häusern und Dächern ist aber keine moderne Einfindung. Schon im dicht besiedelten Babylon wusste König Nebukadnezar um die wohltuende Wirkung von Grün. Er ließ seiner Gattin Semiramis vor 2500 Jahren die „Hängenden Gärten" bauen, eines der sieben Weltwunder der Antike. Wir sprachen mit der Architektin Nicole Pfoser über den Nutzen von bepflanzten Häusern.

Warum sollten wir in Zukunft unsere Häuser grüner gestalten?
Es gibt viele Vorteile, einer davon ist die Wirkung als außen liegender Sonnenschutz. Die ankommende Strahlung wird durch Pflanzen zu etwa 30 Prozent reflektiert. Vom Rest kann die Pflanze noch einmal die Hälfte absorbieren. Diese aufgenommene Energie wird von den Pflanzen in Transpiration umgesetzt, zu etwa 20 bis 40 Prozent. Das verbessert das Mikroklima und spart Energie bei der Kühlung. Nehmen Sie ein dunkles Dach, das sich bei intensiver Sonnenbestrahlung auf 60 bis 80 Grad aufheizen kann. Kommen Wolken oder Regen, kühlt es sich schnell um 30 bis 60 Grad ab. Das bedeutet puren Stress für Material und Verbindungen. Bepflanzung mindert das entscheidend und senkt auch die das Material schädigende UV-Einstrahlung. Begrünte Dächer können dadurch eine doppelt so hohe Lebensdauer erreichen wie unbegrünte. Außerdem kühlen Pflanzen ihre Umgebung durch Fotosynthese und Verdunstung.

> »Städte werden grüner, kultureller, entspannter. Mit einem Anstieg der urbanen Lebensqualität kehren auch Familien und alte Menschen in die Stadt zurück.«
> Matthias Horx, Zukunftsforscher

DIE „HAUT" DER STADT

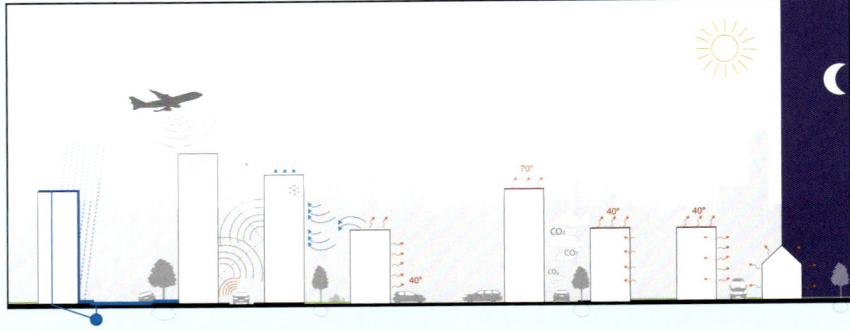

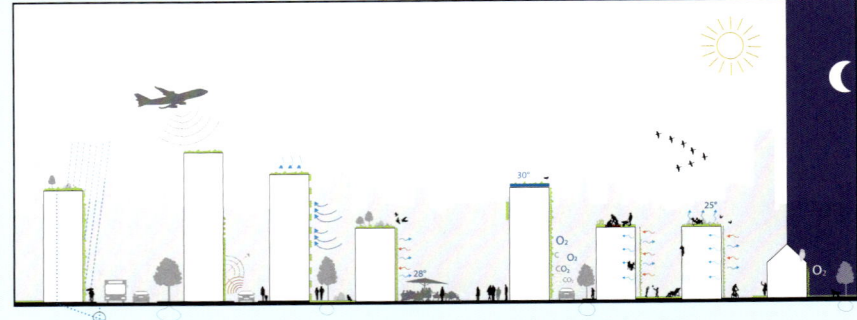

Ohne Begrünung sind Häuser (oben) und Menschen Wetter, Schmutz und Lärm ungeschützt ausgesetzt. Eine Begrünung der Gebäude filtert und puffert viele negative Einflüsse.

NÜTZLICHES GRÜN

Ankommende Strahlung

Wärmeabsorption und Evapotranspiration

Reflexion

Diffuse Wärmeeinstrahlung

Wie viel macht das aus?

Begrünungen verschatten etwa so gut wie eine Jalousie: Sie halten bis zu 90 Prozent des Sonnenlichts ab. Mit der Pflanzenauswahl und der Pflege lässt sich die Lichtdurchlässigkeit steuern. Die Begrünung eines Hauses schützt gegen Hitze und erspart damit Kühlenergie. Eine ganzjährige und winterharte Gebäudebegrünung reduziert auch den Wärmeverlust, denn sie schützt die Fassaden vor Wind und Regen. Dann kühlt sie nicht so stark aus.

Wirken begrünte Fassaden auch schalldämmend?

Begrünungen besitzen eine deutliche Wirkung auf den Lärmpegel in der Umgebung. Ich habe selber in Paris an einer Wand von Patrick Blanc eine Reduzierung des Straßenlärms um 5 Dezibel gemessen. Das steigert die Lebensqualität für die Menschen am Ort erheblich.

Was leistet Hausbegrünung für unsere Umwelt?

Eine 20 Zentimeter starke Efeubegrünung kann 2,3 Kilogramm CO_2 pro Quadratmeter und Jahr absorbieren und produziert dabei 1,7 Kilogramm Sauerstoff. Sehr wirksam ist auch ein Bewuchs mit Moosen und Flechten, weil diese Feinstaub nicht nur binden wie andere Pflanzen, sondern auch einen großen Teil davon verstoffwechseln. Außerdem halten sie Wasser zurück. Hausbegrünung dient damit auch zur Vorbeugung gegen Kanalrückstau und Hochwasser. Solche Vorteile sollte man in Zukunft der Umwelt zuliebe deutlich mehr nutzen.

Die meisten Begrünungen führen zu einer Vervielfachung der Tierarten am Ort. Je größer die Flächen sind, desto umfangreicher die Biodiversität. Heimische Singvögel finden im Grün ein gutes Nist- und Nahrungsangebot. Und, um mit einem alten

Luxuriöses Grün schon in der antiken Metropole Babylon: die Gärten der Semiramis, eines der sieben Weltwunder.

Eingefügt in den Hang versiegelt Renzo Pianos neues Klarissenkloster von Ronchamp kaum den Boden. Außerdem belässt es der darüber gebauten, berühmten Wallfahrtskirche Notre-Dame-du-Haut von Le Corbusier freundlich den Raum.

Grün macht gute Laune
Noch sind die Ranken an der neuen Kita der Architektin Nicole Pfoser auf dem LuO Campus in Darmstadt jünger als ihre Bewohner. Aber bald werden sie die Nordseite einweben.

Vorurteil aufzuräumen: Insekten kommen aus den Pflanzen eigentlich nicht in die Wohnung, sondern bleiben in der Begrünung, weil diese viel mehr ihrem natürlichen Lebensraum entspricht als ein Wohnraum.

Hat eine grüne Wand auch Auswirkungen auf uns Menschen?

Grün ist behaglich: Es gibt Studien in Schulen, Büros und Krankenhäusern, die beweisen, dass Menschen, die mit Grün zu tun haben oder in grüner Umgebung leben, gesünder sind und sich besser konzentrieren können. Der Mensch braucht Natur um sich herum. Es ist auch einfach schön, den Wechsel der Jahreszeiten am Haus zu beobachten.

Hat Hausbegrünung Effekte für eine Stadt?

Eine grüne Stadt ist attraktiver und verfügt über ein besseres Klima. Ein weiterer Vorteil von begrünten Dächern und Wänden ist deren Bodenfreiheit. Gerade in dicht bebauten Städten ist das wichtig. Ein positiver Nebeneffekt ist dabei: Pflanzen sind ab einer bestimmten Höhe vor Beschädigung und Vandalismus geschützt.

Welche unterschiedlichen Arten von Gebäudebegrünung gibt es überhaupt?

Es existieren zahlreiche Möglichkeiten, je nachdem welchen Aufwand man betreiben möchte. Fangen wir mit dem Dach an. Die einfachste Begrünung dort ist die extensive, die nicht sehr gepflegt werden muss. Früher hat man dazu einfach nur wenige Zentimeter Substrat aufgebracht und dann gesät oder gleich gepflanzt. Heute kann man auch sehr gut mit Moos- oder Sedum-Matten arbeiten. Diese sind vorkultiviert und können einfach ausgerollt werden, ähnlich wie ein Rollrasen. Dann ist ein Dach sofort grün.

Eine intensive Begrünung braucht mehr Aufwand und eine dickere Substratschicht mit Dränage. Das

Es sind die ersten bewaldeten Hochhäuser der Geschichte: „Bosco Verticale" nennt der Architekt Stefano Boeri seine beiden 110 und 76 Meter hohen Gebäude in Mailand.

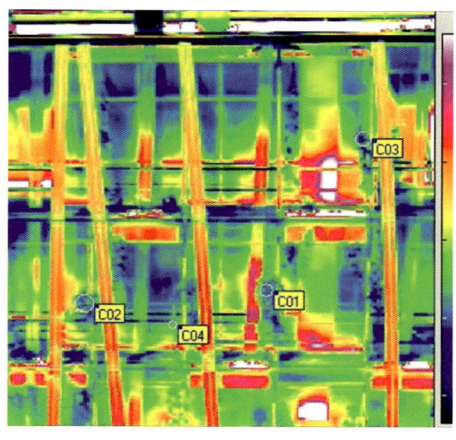 

Das Thermobild zeigt die ausgleichende Wirkung von Fassadenbegrünung in der sommerlichen Mittagssonne am Beispiel des Instituts für Physik in Berlin-Adlershof. Blau steht für kühle Fassadenoberflächen (Kletterpflanzen), rot für stark erwärmte (tragende Strukturelemente und Pflanzkübel).

bedeutet regelmäßige Pflege und Bewässerung. Sie leistet dafür auch deutlich mehr für das Mikroklima der Umgebung und hat weitere ökologische Vorteile. Mit einer höheren Substratschicht hat man eine deutlich größere Pflanzenauswahl bis hin zu Bäumen und es wird mehr Regenwasser zurückgehalten.

Kann man auch mit Gefäßen arbeiten?

Ja, dann legt man sich nicht so fest, muss aber klären, an welchen Standorten die Aufstellung solcher Gefäße statisch möglich ist. Pflanzgefäße können im Winter eingelagert werden. Deshalb hat man noch mehr Auswahlmöglichkeiten bei den Pflanzenarten. Es gibt auch sogenannte Retentionsdächer, bei denen man mit Regenwasser-Anstau und Wasserpflanzen auf dem Dach arbeitet. Das kann sehr nützlich sein: Ein Apfelweinhersteller in Frankfurt kühlt mit Wasser auf dem Dach beispielsweise Produktionsabläufe. Auch ökologisch ist das sehr interessant, weil auf solchen Dächern eine besonders vielfältige Flora und Fauna entsteht.

Was bedeutet Dachbegrünung für die Statik des Gebäudes?

Je mehr Substrat man aufbringt und je größer die Pflanzen werden, desto stärker belastet das die Statik eines Dachs. Man braucht einen Tragwerksplaner, der das berechnet. Prinzipiell ist jedes Dach begrünbar, aber man muss das Gewicht und die Windlast der Begrünung dem Dach anpassen. Auf dem Markt gibt es inzwischen auch Leichtgründachsysteme. Hierbei verwendet man einen leichteren Substrataufbau, sodass die Dachbegrünung insgesamt die Statik nur wenig belastet.

Ist nur ein Flachdach begrünbar?

Nein. Auch Schrägdächer können Pflanzen tragen. Man muss dann mit horizontalen Schubschwellen arbeiten, die verhindern, dass alles ins Rutschen gerät. Das ist technisch kein Problem und der Übergang zu einer Begrünung der Wände ist fließend.

Welche technischen Lösungen gibt es für Wandbegrünungen?

Das kostengünstigste ist der Direktbewuchs der Fassade. Man muss aber aufpassen, wenn man einen Selbstklimmer wie Efeu oder Wilden Wein wählt. Solche Pflanzen sind eine Entscheidung fürs Leben: Ihre Haftorgane halten am Putz – quasi für immer. Die Fassade sollte vor dem Bewuchs möglichst rissfrei sein, sonst hat man mittelfristig Bauschäden durch Einwuchs in die Wand. Andere Rank- und Schlingpflanzen benötigen Kletterhilfen, je nach Art horizontal, vertikal oder im Raster. Praktisch sind auch Pflanzgefäße, die man auf Konsolen oder Laubengängen abstellen oder in vorgesetzten Regalen an der Wand hochstapeln kann. Da wächst die Pflanze, wie sie

> »Man stelle den Menschen in eine Verbindung mit der Natur; dort hat er sich entwickelt und dort fühlt er sich besonders zu Hause.«
>
> **Richard Neutra, Architekt**

es gewöhnt ist, auf einer horizontalen Fläche. Man kann spezielle Behälter auch um 90 Grad nach vorn kippen und an einer Unterkonstruktion vor die Fassade hängen, mit der Pflanzseite nach außen. Auch bepflanzbare Matten werden als Vorfassade verwendet. Solche Bauweisen lassen sich bereits in der Gärtnerei bestücken. Dann hat man gleich zum Einzug ein fertig begrüntes Haus. Alle wandgebundenen Systeme müssen künstlich bewässert und mit Nährstoffen versorgt werden. Wirtschaftlich ist eine zirkulierende Bewässerungsanlage.

Wie entstehen die fantastischen Wände von Patrick Blanc?

Das sind meist flächige Systeme, Geotextilien mit Taschen, in denen Substrat und Pflanzen Halt finden. Die Textilien werden auf Tragplatten vor der Fassade an einer Unterkonstruktion befestigt. Spannend finde ich persönlich auch bemooste Ziegel oder Steinplatten, die eine eher monochrome Fläche bilden.

Wer baut solche grünen Wände?

Es gibt spezialisierte Begrünungsfirmen in Deutschland, die sehr gute Ergebnisse erzielen. Ohne solches Know-how macht man schnell Fehler, denn das Thema ist komplex: Es geht um das richtige Material, um eine standortgerechte Auswahl der Pflanzen, um die Himmelsrichtung, das Licht, die Wasser- und Nährstoffversorgung und um das richtige Substrat. Das muss alles wohl überlegt sein.

Braucht eine grüne Wand viel Pflege?

Es ist leider nicht so, dass der Hausmeister das mal eben so mitmachen könnte. Man braucht einen langfristigen Pflegevertrag. Ein- bis zweimal im Jahr sollte eine Fachkraft nach dem Rechten schauen. Wenn z.B. die Bewässerung ausfällt, dann sieht die grüne Wand schnell nicht mehr gut aus. Viele Systeme werden deshalb mit Feuchtigkeitssensoren überwacht, die Probleme gleich melden.

Was würden Sie in Zukunft auf Ihr Dach bauen: Photovoltaik oder eine Begrünung?

Am besten beides! Denn mit einer Begrünung kann man den Wirkungsgrad von Photovoltaik-Elementen um mehrere Prozent erhöhen. Die Elemente mögen es nämlich nicht zu heiß – die Pflanzen kühlen ihre Umgebung.

MERKZETTEL

1.
Prinzipiell sind alle Gebäudeflächen begrünbar.

2.
Bei Begrünungen immer einen Tragwerksplaner und ggf. die Baubehörde zu Rate ziehen.

3.
Mit ausgewiesenen Fachleuten für Dach- und Fassadenbegrünung zusammenarbeiten.

4.
Dem Standort und der Begrünungstechnik entsprechende Pflanzen auswählen.

1

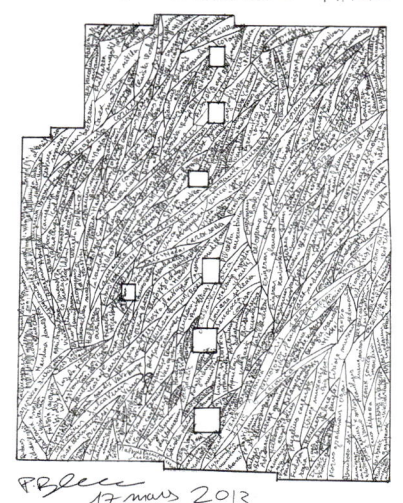

2

3

4

5

DAS GRÜNE WUNDER VON PARIS

Aus einer hässlichen Brandmauer (1) in der Pariser Rue d'Aboukir gestaltete der Erfinder des „Vertikalen Gartens", Patrick Blanc, eine Attraktion des Stadtteils. Er nennt es seine „Oase Aboukir". Schon auf seinem Entwurf (2) erkennt man die Vielfalt der verwendeten Pflanzen, die Blanc seit vielen Jahren auf ihre Tauglichkeit für das Wachstum an Fassaden getestet hat. Um Pflanzen und Substrat zu tragen, benötigt die Wand erst eine tragende Struktur (3). Darauf wurden Fliese mit Taschen für die Pflanzen befestigt (4). Innerhalb von wenigen Monaten entstand im Sommer 2013 so ein vertikaler Dschungel mitten in der Stadt (5 und linke Seite).

PROJEKT 11 | LA MAISON-VAGUE

Wie aus der Erde herausgewachsen wirkt das „Maison Vague" im französischen Sillery, nahe Reims. Mit den Jahreszeiten wechselt es seine Farbe und sein Aussehen. Der Entwurf stammt von Patrick Nadeau, der für seine grünen und unkonventionellen Designs bekannt ist.

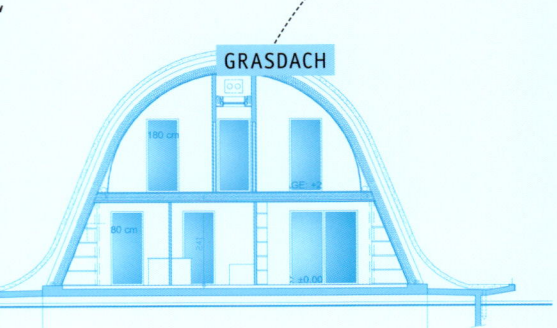

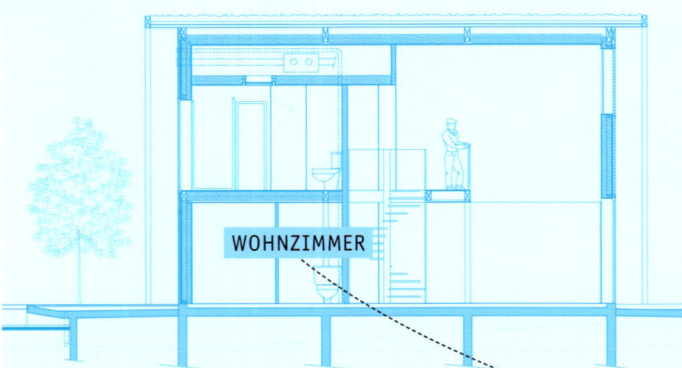

»EIN GARTEN KANN AUCH DORT ENTSTEHEN, WO TRADITIONELL EIGENTLICH KEIN PLATZ FÜR IHN IST.«

PATRICK NADEAU, ARCHITEKT

Kornblumen, Margeriten, Gräser und Kräuter der Umgebung besiedeln den Dachbogen und benötigen kaum Pflege. Für extreme Trockenheit gibt es ein automatisches Bewässerungssystem.

ARCHITEKT	Patrick Nadeau
FERTIGSTELLUNG	2013
STANDORT	Sillery, Frankreich
SONSTIGES	Experimentalhaus

Das loftartige Wohnzimmer, das die gesamte Höhe des Gebäudes von über 5 Metern nutzt, prägt den Innenraum. Die Wandschrägen im unteren Teil werden für Regale genutzt.

Im hinteren Teil des Hauses ist eine Zwischenebene eingezogen. Hier befinden sich zwei Schlafzimmer, abgetrennt durch das Bad.

Struktur, Hülle und Teile der Fassade sind aus Holz, der Rahmen der Terrasse ein Freisitz für zwischendurch.

> **MOBIL & GEMEINSAM**

MOBILITÄT UND WOHNEN

Wilhelm Klauser ist Architekt und Stadtplan[er]. Er arbeitete in Paris, Berlin und Tokio. Für die Bundesstiftung Baukultur untersuchte er, wie sich unsere Mobilität in den nä[chsten] Jahren und Jahrzehnten verändern wird. Wichtige Schwerpunk[te] waren dabei die größer werdende Kluft zwischen den boomen[den] und teuren Städten und den ländlichen Regionen, die immer [mehr] Einwohner verlieren. Im Moment arbeitet er an Konzepten, de[n] ländlichen Raum wieder attraktiver zu machen.

INTERVIEW

12
IN DER STADT ODER LIEBER AUF DEM LANDE?

Wie Smartphones, Elektroautos und wachsende Städte das Wohnen verändern

---

Unsere automobile Verkehrsgesellschaft stößt seit geraumer Zeit an Grenzen: In London, Mailand, Stockholm oder anderen Metropolen muss der Autofahrer bereits für die Einfahrt in die City eine Maut bezahlen. Deutsche Politiker diskutieren über Straßennutzungsgebühren für Pkws. In zahl-reichen Städten wird die Straße zum bewirtschafteten Parkraum. Autofahren ist teuer geworden. Viele junge Leute in den Städten verzichten bereits auf das eigene Fahrzeug und nützen das boomende Car-Sharing. Diese Trends werden in Zukunft auch unsere Gebäude und Städte prägen. Welche Konsequenzen hat das für Bauherren?
Der Berliner Stadtplaner Wilhelm Klauser berichtet über seine Erfahrungen in Ländern, die schon länger mit dem Verkehrskollaps leben.

Wie sollte sich ein Bauherr auf die Veränderungen in der Mobilität einstellen?
Wir müssen sicher über das Auto als Rückgrat unserer Mobilität hinaus denken. Die Lebensdauer eines Einfamilienhauses oder einer Wohnung liegt ja deutlich höher als die eines Autos. In den staugeplagten asiatischen Metropolen liegen die Entwicklungsachsen für den Wohnbau oft entlang der Korridore der öffentlichen Verkehrsmittel. Der Personennahverkehr in Tokio zum Beispiel wird von Privatunternehmen betrieben. Diese Firmen möchten, dass ihre Züge vollbesetzt hin- und herfahren: Es ist weder ökonomisch noch ökologisch, wenn Bahnen morgens die Menschen in die Innenstadt transportieren und auf dem Rückweg leer sind. Deswegen haben die Betreiber begonnen, Universitäten in den Vorstädten zu bauen, um Studenten aus innerstäd-

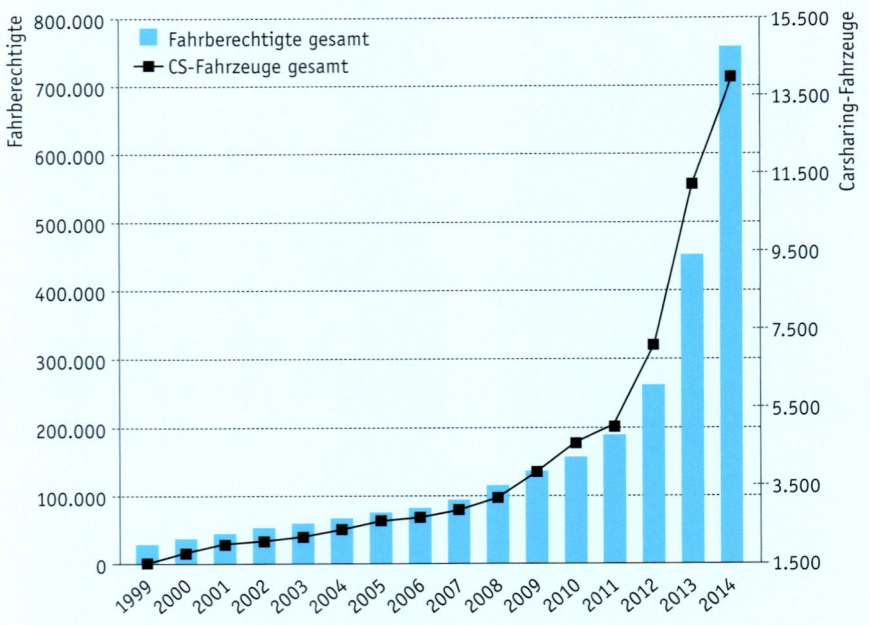

CARSHARING-ENTWICKLUNG IN DEUTSCHLAND

Ein paar Zahlen aus einer boomenden Branche: Anfang 2014 waren über 750.000 Autofahrer bei etwa 150 Car-Sharing-Unternehmen in Deutschland registriert. Insgesamt standen den Kunden etwa 14.000 Autos in fast 400 Gemeinden zur Verfügung. Eine Übersichtskarte für die nächstgelegene Station findet man auf www.carsharing.de.

tischen Wohngebieten in die andere Richtung zu befördern. So sind die Bahnen voll und es ergeben sich neue Strukturen in großstädtischen Räumen. Solche Konzepte können auch in Deutschland interessant werden und Regionen verändern.

Wie verhält sich die Automobilindustrie angesichts dieser Veränderungen?

In Japan verkaufen Firmen, wie Toyota, heute nicht mehr nur Autos, sondern einen Lebensstil – inklusive Wohnen. Mobilität ist nur ein Teil des Gesamtkonzepts. Die Finanzierung und der Bau von Wohnungen gehören inzwischen genauso dazu, wie Abos für E-Mobilität oder Mieträder. Solche Konzepte verändern die Planung von Siedlungen und die Architektur. Toyota hat Denkweisen aus dem Automobilbau auf Fertighäuser übertragen: das Plattform-Konzept der Autoindustrie führt zu verschiedenen Fertighaus-Modulen, die man fast beliebig kombinieren kann. Das ist ökologisch interessant, weil im Vergleich zum herkömmlichen Bau weniger Ressourcen verschwendet werden. Toyota hat sogar einen eigenen Markt für seine Gebrauchtimmobilien aufgebaut. Wohnen ist in Japan dabei, eine Dienstleistung zu werden.

Werden wir in Zukunft nicht mehr Autos, sondern eher Mobilität kaufen?

Ja, das ist ein Zukunftsmodell für die Städte. Nehmen Sie hierzulande den Carsharing-Boom. Das hat sich mit einer unglaublichen Geschwindigkeit durchgesetzt. Allerdings nur in den Städten. Wir werden Angebote bekommen, die neben dem öffentlichen Nah- und Fernverkehr auch E-Bikes und Autos von Sharing-Anbietern beinhalten. Das Fahrzeug wählt man dann passend zur jeweiligen Transport-Aufgabe. So wird nicht nur das Mobilitätsangebot

Carsharing ist einfach geworden: Einmal registriert, kann der Nutzer sich mit einer Karte sein Auto freischalten.

Noch fehlt es an Reichweite, aber Privilegien beim Parken und auf den Busspuren lassen erwarten, dass Elektroautos einen wachsenden Anteil am Verkehr übernehmen werden.

Mietfahrräder waren die erste Erfolgsgeschichte der Sharing-Ökonomie in den Metropolen.

verändert, sondern auch das Verhalten: Für unsere Generation war der Führerschein ja noch ein Initiationsritus. Meine beiden Töchter hatten mit 18 daran nur noch wenig Interesse. Allerdings muss man den Unterschied zwischen Stadt und Land beachten: Auf dem Land geht es nicht ohne Auto, aber in Städten mit guten öffentlichen Verkehrsmitteln stehen schon heute in Tiefgaragen viele Plätze leer.

Welche Rolle wird das Fahrrad spielen?

Sicher eine wachsende! Die Holländer haben beim Städtebau das Prinzip: Das Fahrrad spielt die erste Geige und bekommt den kurzen Weg. Das Auto muss den Umweg nehmen. Das wird auch hier zu einem Prinzip für künftige Stadtentwicklungen werden. Es ist eine einfache Regel für ein Wohngebiet, um eine menschennahe Vernetzung herzustellen. Frankreich fordert jetzt in allen Neubauten Fahrradstellplätze. Und auch bei uns sieht man eine ähnliche Verschiebung der Werte in vielen Siedlungen: Die Garagen werden genutzt, um die Fahrräder zu parken. Das Auto steht auf der Straße.

Wird sich unsere Mobilität durch die älter werdende Gesellschaft verändern?

In unterschiedlichen Lebensabschnitten hat man verschiedene Vorstellungen von Bewegung. Junge Menschen sind viel unterwegs. Mit fortschreitendem Alter sucht man eher nach überschaubaren Nachbarschaften. Da liegt der Schwerpunkt auf guten Einkaufsmöglichkeiten und Gesundheitseinrichtungen, und es geht um soziale Kontakte.

Ist denn das Auto als motorisierter Einkaufswagen überhaupt ersetzbar?

Wenn wir über Mobilität reden, dann geht es meist darum, dass wir selber von A nach B möchten. Genauso

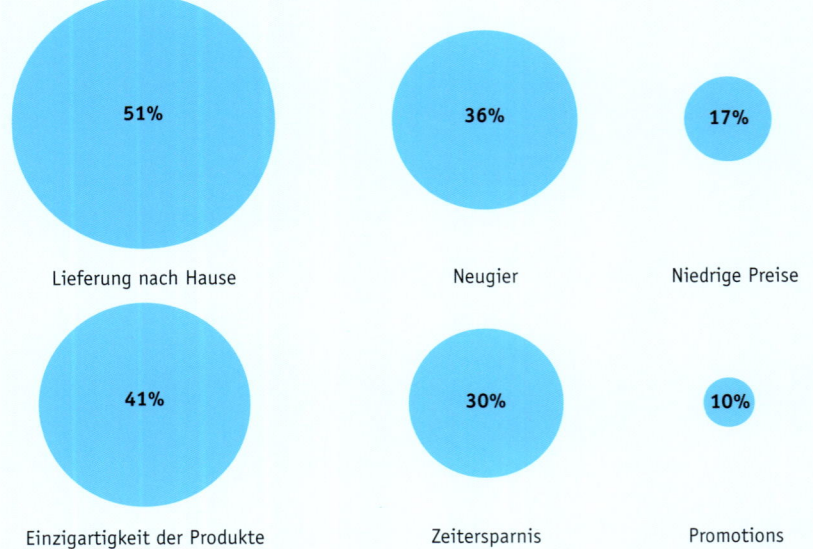

WARUM VERBRAUCHER LEBENSMITTEL ONLINE KAUFEN

Lebensmittel im Internet einzukaufen ist in Deutschland noch ein wenig exotisch, aber die großen Handelskonzerne arbeiten bereits intensiv an Konzepten und an der dazugehörigen Logistik, um auch immer frische Produkte garantieren zu können.

Anteil der Befragten, die bereits online Lebensmittel gekauft haben und ihre Beweggründe:

- 51% Lieferung nach Hause
- 36% Neugier
- 17% Niedrige Preise
- 41% Einzigartigkeit der Produkte
- 30% Zeitersparnis
- 10% Promotions

wichtig ist der Gütertransport. Der aber wandelt sich gerade fundamental: Wir erwarten in den nächsten Jahren eine deutliche Zunahme des Onlineshoppings, auch für den täglichen Bedarf. In Ländern wie England, USA oder Frankreich ist diese Mobilität der Waren schon deutlicher sichtbarer als bei uns. Das wird auch Deutschland noch stärker erfassen. Damit rücken die Güter wieder näher an den Menschen. Viele Einzelhändler reagieren bereits hierauf und suchen wieder die Nähe zum Kunden. Zentral für unser Wohnumfeld ist die Erreichbarkeit der Güter: Ein Ort, von dem aus man 45 Minuten zum nächsten Bäcker braucht, ist für uns schwierig zu bewohnen.

Wie wird sich das Wohnen auf dem Land entwickeln?

Wir arbeiten gerade an einem Projekt im ländlichen Raum: Das wichtigste Bedürfnis dort ist neben der Versorgung die Kommunikation und das Miteinander. Viele Treffpunkte in den kleinen Gemeinden sind verschwunden. Die Menschen gehen dort in die Bank, nicht unbedingt, um Geldgeschäfte zu machen, sondern um zu reden und die Einsamkeit zu bekämpfen. Für das Wohnen auf dem Land gilt es noch, neue Strukturen zu entwickeln, Lösungen aus der Stadt lassen sich nicht einfach übertragen.

Wo würden Sie in Zukunft lieber wohnen: stadtnah oder auf der grünen Wiese?

Ein Ort, der vielfältig ist, ist attraktiv. Kultur, soziale Durchmischung, qualitätvolle Räume – aber auch Schulen oder eine medizinische Versorgung gehören dazu und müssen erreichbar sein. Nach einem Ort, der das bietet, würde ich suchen. Den kann ich genauso gut stadtnah wie auf dem Land finden. Ich definiere ja für mich selbst, was erreichbar ist. Die Frage ist vielleicht nicht, wo ich in Zukunft leben will, sondern die Frage ist: Wo kann ich in Zukunft leben?

Bislang noch eine Vision: Der „Sky Cycle" des Architekturbüros Foster und Partners ist ein 220 Kilometer langes System von Fahrrad-Highways über den S-Bahn-Korridoren: Entlastung für das staugeplagte London.

NEUE FAHRRAD-AUTOBAHNEN

In zahlreichen deutschen Gemeinden hat das Fahrrad inzwischen Vorfahrt: So entstehen in Nordrhein-Westfalen gerade mit einem Millionen-Aufwand mehrere exklusive Fahrrad-Highways mit speziellem Belag, der schnellere Geschwindigkeiten erlauben soll. Die „Radl-Autobahnen" ermöglichen so deutlich kürzere Fahrzeiten auch auf längeren Strecken. Und in Berlin werden sogar die grünen Wellen mancher Ampelanlagen an Fahrrad-Geschwindigkeiten angepasst.

„AUTOMATISCHE AUTOS"

Der amerikanische Konzern Google entwickelt seit geraumer Zeit selbstfahrende Autos. In der Zukunft wären sie das ideale Fahrzeug für Carsharing: Man kann sie irgendwo abstellen und sie suchen sich selbstständig einen Parkplatz oder fahren direkt zum nächsten Kunden weiter.

*Niederländische Radler haben es gut:
Der gigantische schwebende Fahrrad-Kreisel in
Eindhoven gewährt immer Vorfahrt fürs Fahrrad.*

Wie wird sich der öffentliche Nahverkehr verändern?

In vielen Regionen gab es in den letzten Jahren Verbesserungen in der Taktfrequenz und im Komfort. An Bahnhöfen entstehen, ähnlich wie an Flughäfen, immer mehr Einkaufszentren, denn der Nahverkehr ist interessant für Unternehmen, die viel Kundschaft brauchen. In Korea hat das englische Unternehmen Tesco ein sogenanntes Home Plus Shopping in den U-Bahn-Stationen und an Bushaltestellen eingerichtet: Man hat dort große Werbetafeln aufgehängt, die Fotos von Produkten in Supermarktregalen zeigen. An jedem Produkt steht ein Quellcode. Den kann man mit dem Smartphone einscannen und dann liefert das Unternehmen das Produkt abends nach Hause, entweder an die Haustür oder in eine Art gekühlten Briefkasten. Ähnliche Pilotprojekte werden auch in Deutschland starten.

Wie kann der ÖPNV attraktiver werden?

In Tokio haben alle Menschen ihre Fahrkarten in Form von Plastikkarten in der Tasche, die man an den Sperren nicht herausnehmen muss. Das verbessert den Durchsatz an den neuralgischen Punkten der Verkehrsnetze, wo sich Pendler sonst immer gestaut haben. Man hat dort nicht nur riesige Summen in Gleisanlagen investiert, sondern auch in die begleitende Infrastruktur. Diese Karten können jetzt auch als Zahlungsmittel oder als Wohnungsschlüssel eingesetzt werden, oder sie dienen als Zugangsschlüssel für eine Art Schließfach, in die gekühlte Nahrungsmittel eingestellt werden. Das geht auch mit dem Smartphone – einer Technik in der Tasche, die dem ÖPNV riesige Chancen für die Zukunft eröffnet.

Können wir uns unsere bisherige Mobilität denn eigentlich noch weiter leisten?

Ich war letzten Sommer in Rathenow,

Beispiel Bordeaux: Für ein schöneres Stadtbild kann die Tram heute zum Teil schon auf eine Oberleitung verzichten.

> Einen „Wohnort der kurzen Wege" wünschten sich 46 Prozent der Befragten bei einer repräsentativen Umfrage, 33 Prozent träumten von „bezahlbarem Wohnraum in zentraler Lage".

> »Wir brauchen ein Ökosystem von Leih-Fahrzeugen: Ein Leihfahrrad ersetzt vier oder mehr Fahrräder.«
> Kent Larson, MediaLab des MIT, Boston

> »Zugang ist wichtiger als Besitz.«
> Jeremy Rifkin

Apps machen die Welt effektiver: Tram, Bus, Mietfahrrad, Carsharing oder doch Taxi? Mit wenigen Klicks holt man sich die schnellste Verbindung auf's Handy.

einer Stadt gut eine Autostunde von Berlin entfernt, und kam an einem alten Grenzstein vorbei, auf dem eingemeißelt war: 8 Stunden nach Berlin. Viele Menschen, die damals in Rathenow gewohnt haben, sind sicher nie nach Berlin gekommen. Ihr Radius war – aus heutiger Sicht – extrem eingeschränkt. Wir haben heute einen ganz anderen Anspruch an Mobilität als vor 100 Jahren, jedenfalls wenn man in einer westlichen Industriegesellschaft lebt. Vielleicht sollten wir uns überlegen, ob das wirklich naturgegeben ist. In Indien oder Afrika stellt sich die Sache ja schon ganz anders dar. Ich glaube nicht an die prognostizierte vollkommene Verstädterung, denn wir können sie uns tatsächlich schlicht nicht leisten. Ich denke eher, dass sich ländliche Räume so qualifizieren müssen, dass sie als Lebens- und Arbeitsräume auch abseits der Großstadt funktionieren und Lebensqualität bieten.

Worauf sollte ein Bauherr bei der Wahl seines Bauplatzes achten?
Viele Menschen vergessen den Wert ihrer Lebenszeit. Ich würde folgendermaßen kalkulieren: Meine Frau und ich haben jeweils einen Arbeitsplatz. Mein Kind geht in eine Schule. Um diese Orte schlage ich einen Radius entsprechend der zur Verfügung stehenden Verkehrsmittel. Dann erhalte ich eine Region, kann mir dort die Grundstückspreise anschauen und mich fragen, was noch erschwinglich ist. Dann sollte man unbedingt zusammenrechnen, was die notwendigen Wege an Lebenszeit kosten. Und dabei nicht vergessen, das mit den Jahren zu multiplizieren, die man dort wohnen möchte. Das kann ganz schön erschreckende Zahlen liefern, wenn man einen Weg von 45 Minuten zur Arbeit hat, das mit 220 Arbeitstagen multipliziert und 15 Jahren, die man dort vielleicht lebt. Niemand würde heute ein Haus kaufen, ohne sich zu überlegen, was Zinsen und Tilgung über die Jahre für ihn bedeuten. Das Gleiche sollte man mit den Fahrzeiten tun. Sonst verliert man zwar kein Geld, aber Lebenszeit.

In Korea bereits Wirklichkeit: Man scannt im virtuellen Supermarkt an der U-Bahn oder Bushaltestelle seine notwendigen Lebensmittel. Geliefert wird die Ware direkt nach Hause.

PROJEKT 12 | POINT.ONE S

Ihr flotter Schwung macht die Solarladestation „Point.One S" am Münchner Olympiapark zu einem Carport der Zukunft. Die eingebaute Gleichstrom-Ladestation erlaubt langsames und schnelles Aufladen und verfügt über eine benutzerfreundliche Oberfläche zur Information und Steuerung.

POLYCARBONATDACH

TOUCHSCREEN

»UM ELEKTROMOBILITÄT, DIE AUF UMWELTFREUNDLICHEM STROM BASIERT, IN DER GESELLSCHAFT ZU ETABLIEREN, BRAUCHT ES LEUCHTTURMPROJEKTE, DIE ZEIGEN, WAS HEUTE SCHON TECHNOLOGISCH MÖGLICH IST.«

CHRISTOPH RÖSSNER, EIGHT

HERSTELLER	Eight GmbH & Co. KG
FERTIGSTELLUNG	2014
STANDORT	München, für die Pilotanlage
SONSTIGES	Der Carport ist auch als Doppel- oder Mehrfachanlage lieferbar.

Die tragende Struktur ist aus Aluminium gefertigt mit einer Außenhaut aus Polycarbonat; darauf die hocheffizienten Solarpanels, die entweder direkt das Fahrzeug laden oder ihre Energie ins Netz speisen.

Eine „smarte" LED-Beleuchtung reagiert auf den sich nähernden Fahrer und kann farblich bereits von Weitem den Ladezustand des Fahrzeugs signalisieren.

Der „Benutzerkiosk": In die Säule des Carports ist ein Touchscreen mit intelligenter Benutzerführung integriert, der dem Fahrer Auskunft über den Ladezustand des Fahrzeugs und über die „Stromernte" der Anlage gibt.

NEUE FORMEN DES WOHNENS

Kirsten Mensch ist Politikwissenschaftlerin und arbeitet als wissenschaftliche Referentin für die Darmstädter Schader-Stiftung. Seit 2005 befasst sie sich immer wieder mit Projekten gemeinschaftlichen Wohnens. Die Schader-Stiftung fördert den Dialog zwischen Gesellschaftswissenschaften und Praxis, widmete sich dabei unter anderem den sozialen Aspekten des Bauens und Wohnens, einem Bereich, der über steigende Grundstückspreise und die Energiedebatte oft aus dem Blick gerät. Gemeinsam mit der Stiftung „trias", einer gemeinnützigen Stiftung für Boden, Ökologie und Wohnen, hat die Schader-Stiftung das Buch *Raus aus der Nische, rein in den Markt – Ein Plädoyer für das gemeinschaftliche Wohnen* herausgegeben.

INTERVIEW

13
IN NEUEN FORMEN BAUEN UND LEBEN

Gemeinschaftliche Bau- und Wohnprojekte schaffen tragfähige Nachbarschaften

Häuser geben unserem Leben nicht nur einen baulichen Rahmen, sondern auch einen sozialen. Größe und Schnitt der Wohnung oder des Hauses beeinflussen die Möglichkeiten, Gäste zu empfangen oder in unterschiedlich großen Gemeinschaften zu leben, sei es in der Familie oder in einer Wohngemeinschaft. Das Haus, das wir bauen, beeinflusst also auch die sozialen Kontakte unserer Zukunft. Seit einigen Jahren schließen sich vor allem in boomenden Städten Menschen zusammen, um gemeinsam ein Haus oder sogar eine Häusergruppe zu bauen. Die Beweggründe dafür sind unterschiedlich: Singles suchen Gemeinschaft, Familien wünschen sich Spielgefährten für die Kinder, Senioren möchten das Altenheim vermeiden. So unterschiedlich wie die Motive sind die gemeinschaftlichen Wohnformen, die daraus entstehen. Dr. Kirsten Mensch erklärt Chancen und Risiken dieser besonderen Form des Wohnens.

Was sind eigentlich Bau- und Wohnprojekte?
Man muss unterscheiden zwischen den *Bauherrengruppen*, die vor allem günstig bauen wollen, und auf der anderen Seite *Wohnprojekten*. Dort finden sich Menschen, die nach Gemeinschaft suchen, und das nicht vorrangig aus finanziellen Gründen machen. In diesen Wohnprojekten suchen Menschen andere Menschen, mit denen sie ihre Kinder erziehen oder gemeinsam alt werden möchten. Darunter finden sich Singles, Paare, Familien, Junge, Alte – kurz: Menschen, die einfach nicht in einer anonymen Nachbarschaft leben wollen.

Wie sieht das konkret aus?
Wohnprojekte gibt es in vielen

{ **26%** der Deutschen möchten in einer „Wohnanlage mit Menschen gleicher Interessen" leben, 12% in einer „Mehr-Generationen-Wohngemeinschaft". }

Die zahlreichen Treffen im Vorfeld eines Wohnprojekts, oft schon lange vor Baubeginn, bedeuten Zeitaufwand aber auch Chance: Denn sie bieten Gelegenheit, Bau-Wünsche genau wie Nachbarschaften zu entwickeln.

> »Anonyme Luxuswohnungen waren gestern. Heute geht der Trend in Richtung Communal Living und Cooperative Housing: Bewohner von Siedlungsgenossenschaften gestalten ihr Lebensumfeld aktiv mit.«
>
> **Matthias Horx, Zukunftsforscher**

Variationen: Man baut gemeinsam ein Haus oder kauft eine Immobilie und gestaltet sie den eigenen Bedürfnissen gemäß um. Es existieren auch Siedlungsprojekte mit mehreren Gebäuden, die oft mit einem Gemeinschaftshaus angereichert werden. Oder aber die Gruppe erwirbt nicht selbst eine Immobilie, sondern mietet sich ihr gemeinsames Zuhause.

Welche finanziellen Vorteile hat man als Bauherr dabei?

Sowohl für Bauherrengruppen als auch für Wohnprojekte gilt: Man spart sich die Gewinnmarge des Bauträgers. Das ist nicht unerheblich. Andererseits muss man Kompromisse schließen. Insbesondere bei späteren Eigentümergemeinschaften ist das oft schwierig, weil jeder gern seine individuellen Wünsche für seine neue Wohnung umsetzen möchte: Wenn der eine in Holz baut und der andere in Ziegel, ist man weit entfernt von einer Kostenersparnis. Auch wenn sich Wohnungsgrundrisse in einem Mehrparteienhaus zu sehr unterscheiden und dann etwa die Bäder und Küchen nicht übereinander liegen, steigen die Kosten. Eines muss man bedenken: Man hat nicht nur finanzielle Vorteile, sondern trägt auch ein größeres Risiko, wenn man mit der Gruppe als Unternehmer auftritt. Denn man übernimmt ja die Bauträgerschaft. Klassische Bauherrengruppen entstehen von vornherein aus dem Motiv heraus, gemeinsam günstiger zu bauen. Manchmal entwickelt sich daraus eine tolle Gemeinschaft. Aber nicht immer: Es gibt Bauherrengruppen, die sich erbittert darüber streiten, wie die Mülltonnen-Häuschen aussehen müssen. Oft tauchen solche Probleme erst nach dem Einzug auf, weil andere Themen vorher wichtiger sind: der Architekt, die Baustoffe, die Aufteilung. Zu wenig, manchmal gar nicht, wird über die spätere Nachbarschaft gesprochen, die man eingeht.

Wie startet man ein Wohnprojekt?

Man kann sich erst einmal beraten lassen, etwa beim „Forum für Gemeinschaftliches Wohnen". Das agiert deutschlandweit und besitzt auch Regionalbüros. Der nächste Schritt ist der Aufbau einer Kerngruppe von vier oder sechs Personen, die ein Konzept entwickeln. Wo will man hin, aufs Land oder in die Stadt?

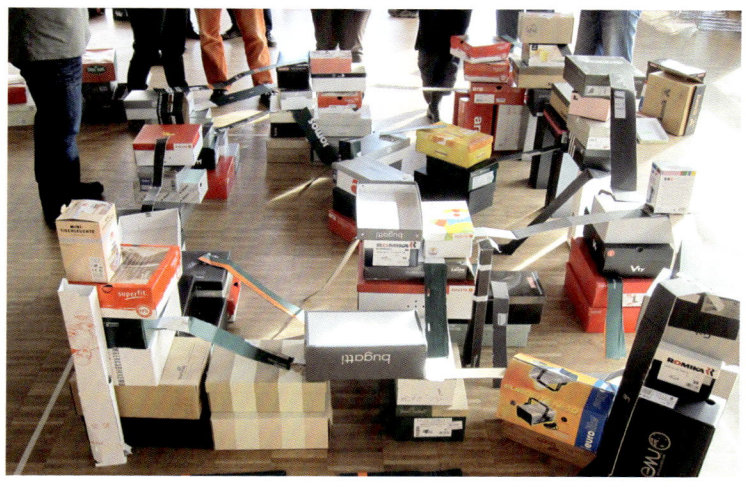

3D-Planung alternativ
Wohnprojekte beziehen die Wünsche der zukünftigen Bewohner schon vor den Architekten-Entwürfen in die Planung mit ein.

Um wie viel Wohnungen geht es? Soll es ökologisch ausgerichtet sein, oder mehr auf Familien mit Kindern? Soll es ein Frauen- oder vielleicht ein Männerprojekt sein?

Mit dem entwickelten Konzept kann die Gruppe an die Öffentlichkeit gehen und versuchen, weitere Interessenten zu finden. Dafür eignen sich Wohnprojekt-Portale im Internet oder ein Artikel in der örtlichen Zeitung. Manche Wohnprojekte beginnen auch auf einer Wohnprojekt-Börse, die es in zahlreichen Städten gibt. Man kann sich das wie eine Messe vorstellen, auf der verschiedene Gruppen in Gründung befindliche Projekte vorstellen und so ein leichtes Kennenlernen ermöglichen. Oft zeigt sich, dass Projekte, die bereits in der Presse stehen oder die informelle Kennenlern-Termine anbieten, gute Chancen haben, weitere Mitglieder zu finden.

Einige Bundesländer fördern das gemeinschaftliche Wohnen gezielt. Rheinland-Pfalz ist zum Beispiel sehr aktiv, versendet einen eigenen Newsletter und führt Veranstaltungen durch. Wenn man als Wohnprojekt-Einsteiger den ersten Zipfel in der Hand hat, sieht man, wie groß die Szene in Deutschland ist und wie vielfältig. Aber der Anfang ist nicht ganz leicht.

Welche Fähigkeiten muss eine Gruppe mitbringen, um ein Wohnprojekt zu realisieren?

Ich habe die Erfahrung gemacht: Ein Wohnprojekt steht und fällt mit der Kerngruppe. Diese Gruppe muss Geduld haben und eine gewisse Frustrationstoleranz. Sie muss neue Mitglieder finden, diese überzeugen und mit der eigenen Begeisterung anstecken. Manche der neuen Mitglieder werden wieder abspringen. Damit müssen alle umgehen können, ebenso mit den Unwägbarkeiten bei der Suche nach einer Immobilie. Oft trifft man auf ein tolles Grundstück, das aber zu teuer

„Wohnen mit uns"
so heißt ein umfangreiches Wiener Projekt für nachhaltiges und urbanes Wohnen mit 40 Wohnungen am Nordbahnhof. Konsens und Transparenz bei allen Entscheidungen gehören zu den Grundprinzipien. Die Grafik zeigt die zahlreichen Gemeinschaftseinrichtungen des Projekts.

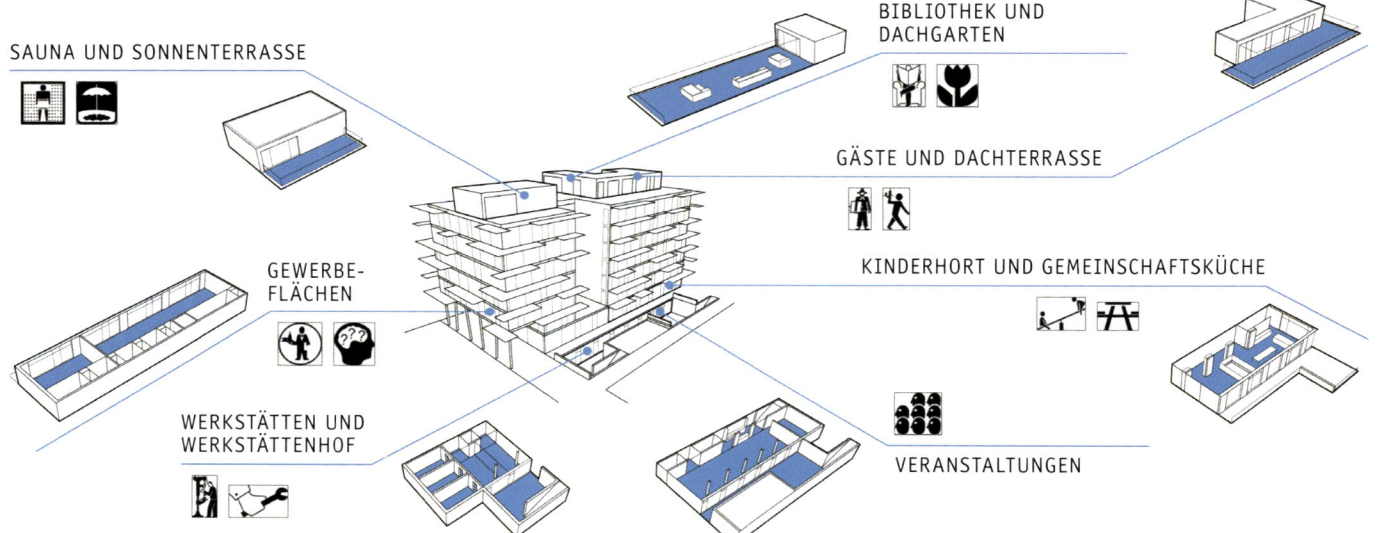

Kostenersparnisse und die Möglichkeiten des Mitplanens locken oft junge Familien.

Individualität und Austausch: 500 Quadratmeter Gemeinschaftsflächen wie Küche, Terrassen, Dachgärten und sogar eine Bibliothek bieten vielfältige Möglichkeiten zum Austausch.

ist. Oder aber ein anderer Käufer schnappt es einem vor der Nase weg. Weiterhin muss die Gruppe mit Architekten, städtischen Ämtern und Banken verhandeln. Es gibt viele Fallstricke, die einen zum Strauchln bringen können. Die Kunst ist es, wieder aufzustehen und weiterzumachen.

Es ist darüber hinaus wünschenswert, dass verschiedene Talente vertreten sind: etwa, dass einer gut sprechen und das Konzept schreiben kann, ein anderer wirtschaftliche Kenntnisse mitbringt. Auf alle Fälle braucht die Gruppe Optimisten, die sagen, das wird ein tolles Projekt. Auch ein Skeptiker tut gut, der an Versäumnisse erinnert. Es sollte eine gesunde Mischung sein.

Was sollte man bei der Wahl der Rechtsform beachten?

Man muss für die Gruppe die jeweils angemessene Rechtsform finden. Es gibt hier viele Möglichkeiten. Bei größeren gemeinschaftlichen Wohnprojekten hat sich die Genossenschaft als eine der passenden Rechtsformen erwiesen. Wohngenossenschaften passen organisatorisch und juristisch gut zu Wohnprojekten, weil die Motive ähnlich sind: Man will etwas gemeinsam unternehmen und dabei solidarisch handeln.

Die Gründung einer Genossenschaft ist keine Kleinigkeit. Kann man sich mit einem Wohnprojekt bei bestehenden Genossenschaften anhängen?

Ja, vorausgesetzt, es gibt sich anbietende Dachgenossenschaften, was leider noch selten der Fall ist. Ein Beispiel ist die „Fundament e.G." in Frankfurt, die gegründet wurde, um auch andere Wohnprojekte mit zu betreuen. Es macht vieles leichter, wenn man unter das rechtliche Dach einer bestehenden Genossenschaft schlüpfen kann, weil sich dort schon viel Know-how für Organisation, Abrechnung und die Bilanz findet.

Wie reagieren Banken auf Wohnprojekte?

Es gibt einige spezialisierte Banken, etwa die Umweltbank, die GLS-Bank, die Triodos-Bank, die Wohnprojekte beraten und finanzieren. Solche Banken setzen auch auf die Kraft der Gruppe, selbst wenn einzelne Mitglieder nicht als solvent gelten. Ich kenne aber auch Wohnprojekte, die ihr Haus mit der Bank um die Ecke realisiert haben. Das gemeinschaftliche Wohnen ist nicht mehr so exotisch, wie es noch vor zehn Jahren war.

Eignen sich Wohnprojekte für das Wohnen im Alter?

Viele solcher Projekte entstehen gerade aus der Frage heraus: Wie will ich alt werden? Deshalb sind die meisten nicht nur auf Gemeinschaft, sondern auch auf Barrierefreiheit oder Barrierearmut angelegt. Insofern lässt sich die Frage leicht bejahen. Allerdings sollte man nicht erst im hohen Alter beginnen, ein Wohnprojekt zu planen. Meine Erfahrung ist: Wohnen im Alter betrifft scheinbar nie jemanden. Ich habe viele Vorträge dazu gehalten und immer im Publikum Menschen gesehen, bei denen ich dachte: Gut, dass die hier sind! Aber die kamen wegen ihrer Eltern, deren ansteigende Hilfsbedürftigkeit das Thema „Wohnen im Alter" in die Familie trieb. Wenn man ein Projekt starten möchte, dass nicht nur barrierefrei ist, sondern auch pfiffig, dann sollte man mit Mitte fünfzig anfangen. Man muss dann nicht gleich einen Haltegriff an der Toilette montieren. Aber die Wand sollte so gestaltet sein, dass später ein Griff hält. Das Alter trifft uns alle.

MERKZETTEL

1.
Die Vielfalt an gemeinschaftlichen Wohnprojekten ist groß: Fast für jeden Geschmack dürfte etwas dabei sein.

2.
Wohngruppen und Bauprojekte sollten sich von Profis beraten lassen und das Wissen bestehender Netzwerke nutzen.

3.
Wer ein Wohnprojekt für das Alter gemeinsam mit anderen realisieren möchte, sollte nicht zu spät damit anfangen.

»Unsere Entwürfe orientieren sich an der Vielstimmigkeit der zukünftigen Bewohner, man könnte sagen an der ›Intelligenz des Schwarms‹. Das Ergebnis ist faszinierend, denn die Identifizierung der Bewohner mit ihrem künftigen Haus ist bei solch einem Prozess extrem hoch.«

Rainer Hofmann, Bogevischs Büro, Architekt von Wagnis 3

PROJEKT 13 | WAGNIS 3

Fünf Häuser, vier davon im Niedrigenergie- und eines im Passivhausstandard, mit insgesamt 99 Wohnungen auf über 7500 Quadratmetern umfasst das preisgekrönte dritte Wohnprojekt der Münchner Genossenschaft Wagnis eG. Drei weitere Siedlungen sind bereits erstellt und eine in der Planung.

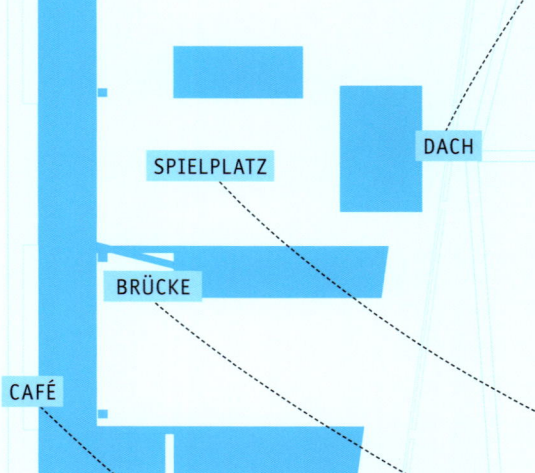

SPIELPLATZ
DACH
BRÜCKE
CAFÉ

»WIR MÜSSEN AUS DER VEREINZELUNG HERAUS. DER MENSCH IST VON NATUR AUS KEIN EINZELWESEN. WIR MÜSSEN VERSUCHEN, IN NEUEN WOHN- UND LEBENSFORMEN WIEDER GEMEINSCHAFT ZU LEBEN – IN ALLEN GENERATIONEN!«

ELISABETH HOLLERBACH,
VORSTAND WAGNIS eG

Gemeinschaftliche Dachterrassen, drei Gästeapartments, ein Tanzboden, eine Werkstatt und viele andere Gemeinschaftsräume gehören zum Projekt.

ARCHITEKT
Bogevischs Büro
FERTIGSTELLUNG
2009
STANDORT
München
SONSTIGES
Genossenschaftsbau

Überall grüne Ecken, sogar auf den Dächern, und ausreichend Platz für den Nachwuchs – Merkmale von vielen der neuen Genossenschaftsbauten.

Brücken schlagen zwischen Nachbarn, das zieht sich als architektonisches Leitmotiv durch die Siedlung.

Speise-Café im Haus
Zum gemeinschaftlichen Wohnen gehört ein öffentlicher Treffpunkt.

WINZIG, WITZIG, WENDIG

Diogene

Futuro

FinCube

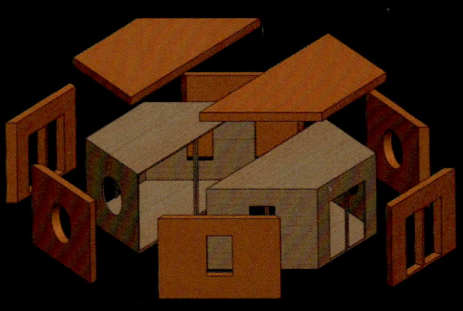
Wohnwabe

Aus der Immobilie wird die Mobilie: Zunehmend setzen sich Architekten und Designer in den letzten Jahren mit Häusern auseinander, die nicht mehr fest an einen Standort gebunden sind.

Micro Units

Hochhäuser stapeln aus kleinen, vorgefertigten Apartment-Einheiten: So bekämpft New York seine Wohnungsnot.

14
KLEIN, FLEXIBEL UND AUF ZEIT

Mobiles Wohnen auf geringster Fläche

Familien schrumpfen nach dem Auszug der Kinder häufig bis auf die Größe eines Ein-Personen-Haushalts, Grundstücke in attraktiven Städten werden knapp und für viele unbezahlbar. Und ein Großteil der Menschen hat gefühlt immer weniger in der Geldbörse. Die Wahrscheinlichkeit steigt, dass wir unsern Raumbedarf in Zukunft etwas reduzieren werden. Wachsen wird dagegen die berufliche Flexibilität, die von uns erwartet wird: Heute in Hamburg arbeiten, morgen in Köln und übermorgen in Dresden. Zu diesem Lebensstil passt der Besitz einer Immobilie eigentlich nicht mehr. Oder doch? Architekten haben schon vor Jahrzehnten begonnen, sich darüber Gedanken zu machen, und Entwürfe geliefert, die auf das Nomadentum des Menschen im 21. Jahrhundert ausgerichtet sind.

Vor allem Studenten leiden heute unter Wohnungsnot und hohen Mietpreisen in deutschen Großstädten. Andererseits sind junge Menschen oft flexibler und stellen geringere Ansprüche an Raumgröße und Komfort. So entstehen immer wieder Ideen, aus mobilen Wohneinheiten Studentendörfer auf Brachland oder am Rande der Städte zusammenzubauen. Allerdings stehen solchen Ideen bislang die Baubehörden deutscher Städte eher skeptisch gegenüber.

Renzo Piano gehört zu den großen Namen der internationalen Architekturszene. Der Italiener baut gern angepasst an den Ort und an die Natur und nutzt dazu neueste Technologien. Auf eine Stilrichtung ist er kaum festzulegen. Zu seinen bekanntesten Gebäuden gehören u.a. das Centre Pompidou in Paris, das Zentrum Paul Klee in Bern, die California Academy of Science in San Francisco und das Weltstadthaus in Köln.

Großer Name – kleines Haus

In Weil am Rhein steht seit Kurzem das wohl kleinste Musterhaus Europas. Der italienische Star-Architekt Renzo Piano hat für die Möbelfirma Vitra einen energieautarken Prototyp eines Hauses entworfen, das sich zum Umzug auf einen Lkw verladen lässt. Auf ganzen 7,5 Quadratmetern (3 x 2,5 m) findet sich alles, was zum Wohnen notwendig ist: Im vorderen Teil eine Schlafcouch und ein klappbarer Schreibtisch, hinten ein WC und eine Dusche, abgetrennt durch eine Wand, daneben die zierlich-funktionale Küche. Natürliches Licht und dreifach isolierte Fenster gibt es reichlich. Die Konstruktion ist aus Holz, das innen sichtbar bleibt und außen mit recyceltem Aluminium verkleidet ist.

Diogene heißt der Winzling, benannt nach dem griechischen Philosophen Diogenes, der seinen Zeitgenossen vor 2300 Jahren demonstrativ Bescheidenheit vorlebte: Er wohnte auf kleinstem Raum in einer Art Amphore und nutzte seinen Mantel als Matratze. Viel zu besitzen fand er abscheulich. Sein Ideal war die Freiheit und dazu gehörte auch die Freiheit von Besitz.

Technisch ist Renzo Pianos *Diogene* weiter als die meisten seiner großen Brüder – und durchaus nicht unkompliziert. Die Photovoltaik-Anlage auf dem Satteldach und drei Batterien schaffen elektrisch weitgehende Autonomie, sogar an Tagen, wenn die Sonne nicht scheint. Das Wasser wird über hauseigene Kollektoren erwärmt und eine Wärmepumpe versorgt die Heizung. Im Boden sammelt eine Zisterne Regenwasser für den kleinen Haushalt. Ganz ohne Wasser kommt die Toilette aus, weil sie nach dem Kompostprinzip mit Sammelbehältern arbeitet. Die Fäkalien werden getrennt in hygienisch verschlossenen Behältern zur Kompostierung bewahrt. Viel kleiner kann der ökologische Fußabdruck eines Mitteleuropäers kaum werden. „*Diogene* versorgt einen mit dem, was man wirklich benötigt, und mit nichts sonst", sagt Renzo Piano, der in seinem kleinen Gebäude keine Notunterkunft sieht, sondern eher einen freiwilligen Rückort.

Autonomie ist Trumpf. Das kleine Häuschen ist bei Bedarf sogar ohne Anschluss an lokale Infrastruktur bewohnbar.

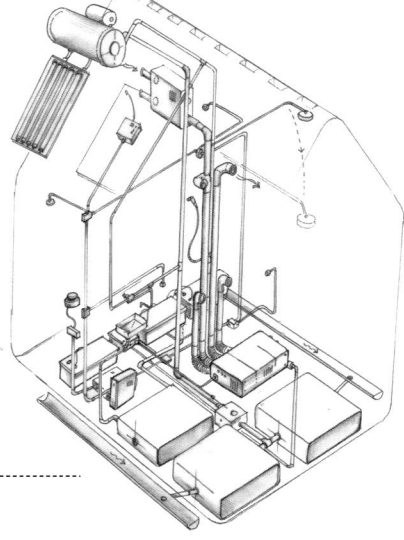

Diogene

Small is beautiful
Renzo Pianos Ur-Hütte besitzt alles, was man zum Wohnen braucht. Aber noch ist Diogene in der Entwicklung: Architekt und Hersteller wollen anhand des Prototypens noch mehr erfahren, wie Leben auf kleinstem Raum funktioniert.

Futuro

Großvater der mobilen Zukunft

Unbestrittener Großvater mobiler Häuser ist die Tonne, in der der griechische Philosoph Diogenes lebte. Fast gleich danach kommt das *Futuro* des finnischen Architekten Matti Suuronen aus dem jahr 1968. Das 36 Quadratmeter große Wohn-Ufo aus Kunststoff war seiner Zeit wohl ein Stück zu weit voraus, denn es wurde eher zum Kultobjekt von Künstlern als zum Wohnhaus. Obwohl es anfangs sehr günstig angeboten wurde, konnte nur eine kleine Serie verkauft werden. Dafür inspiriert es auch heute Architekten und Designer rund um den Globus zu Konzepten fürs mobile und kompakte Wohnen.

Aus dem mobilen Haus der 1960er Jahre wurde ein Liebhaber- und Sammlerstück. Einige Exemplare finden sich auch heute noch über den Globus verteilt, z.T. sogar in Museen, wie dem Rotterdamer Museum Boijmans Van Beuningen.

Micro Units

Schnell, preiswert und unkompliziert: 55 neue Apartments des Projekts adAPT NYC an der East 27th Street im sonst so teuren Manhattan.

„Less is more"

New York braucht wie alle großen Metropolen dringend mehr Wohnungen für Singles. 2013 stellte die Stadt ein Konzept für kleine, vorgefertigte und preiswerte Wohnungen in zentraler Lage vor: *Micro Units* heißen die zwischen 23 und 35 Quadratmeter großen Apartments des amerikanischen Büros nArchitects, die auf Manhattan und in Brooklyn entstehen. Dafür wurden sogar Gesetze gelockert: Bislang war nämlich der Bau von Apartments mit weniger als 42 Quadratmetern dort illegal. Die ersten 55 vorgefertigten Einheiten werden auf einem Grundstück an der East 27th Street in die Höhe gestapelt.

FinCube

> **Wohnen in Bewegung**
> Nur 48 Quadratmeter groß ist dieser Entwurf des Designers Werner Aisslinger: Der rundum verglaste *FinCube* aus heimischen Hölzern wiegt so wenig, dass er komplett mit einem Kran und einem Lkw innerhalb kurzer Zeit versetzt werden kann. Auch als Penthouse auf dem Dach bestehender Häuser eignet er sich. Die haustechnischen Anschlüsse des kleinen Hauses stecken in den Stützen dieser Nomadenbehausung fürs 21. Jahrhundert.

Lärchenholz und Glas dominieren innen wie außen. Die Holzlamellen dienen als Sonnen- und als Sichtschutz. Energetisch entspricht der FinCube den Standards eines Niedrigenergiehauses.

Wohnwaben

Transportabel (1), innen mit leicht verschiebbaren Möbeln hoch flexibel eingerichtet (2–5) sind die Wohnwaben, deren Entwurf im Rahmen einer creative commons Lizenz von jedermann genutzt werden kann. Mit mehreren Wohnwaben lassen sich auch größere Häuser gestalten.

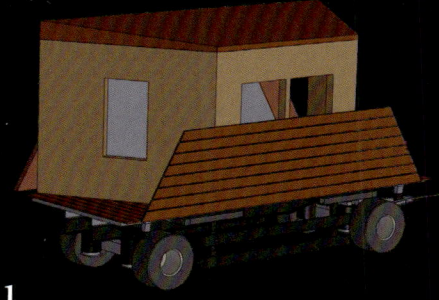

1

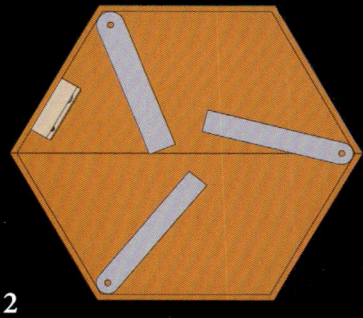

2

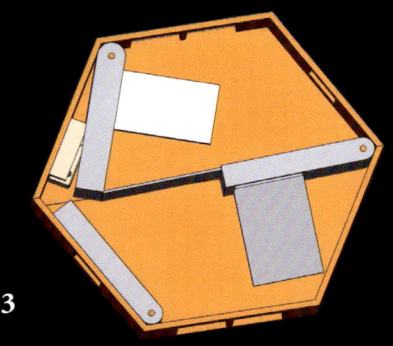

3

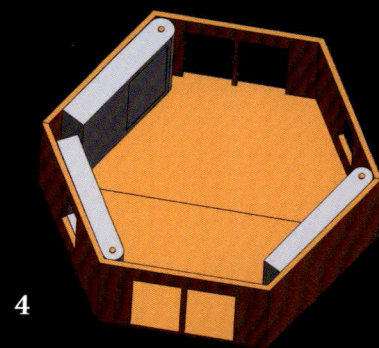

4

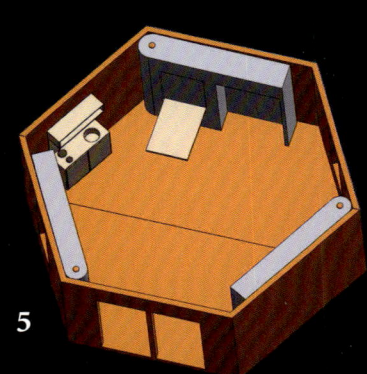

5

6

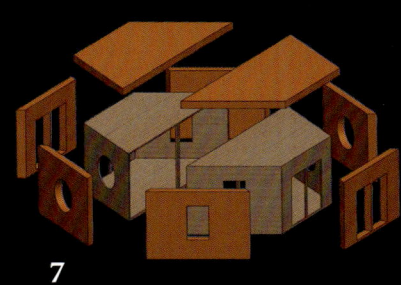

7

8

Open source – jetzt auch in der Welt des Bauens

Aus der Computerwelt kennt man die Open-Source-Bewegung: Jeder Programmierer bringt sein Know-how kostenlos in ein gemeinschaftliches Projekt ein. Für Architekten und Bauherren wird das eine neue Erfahrung. Die Kölner Initiative „Jack in the Box" rief 2013 zu einem Wettbewerb auf. Planer sollten ein ökologisch korrektes Haus für wenig Geld entwerfen: 24 Quadratmeter groß soll es groß sein, modular kombinierbar, nicht teurer als 25.000 Euro, aber durch und durch nachhaltig und transportabel. Eines der eingereichten Projekte sind die Wohnwaben (oben) des Berliners Ingenieurs Max Thulé.

Anfang 2014 entstand dann im schweizerischen Bern das erste ökologische Haus nach dem Open-Source-Prinzip, allerdings ohne Baugenehmigung und deshalb nur auf Zeit. Der Spitzname des ersten Prototyps könnte schweizerischer kaum sein: Böxli. Im Internet unter rachelarchitektur.de kann man sich über den Fortgang des Projekts auf dem Laufenden halten.

PROJEKT 14 | CASA TRANSPORTABLE – DIE BOX ZUM WOHNEN

Wohnen auf nur 27 Quadratmetern: Das preisgekrönte „Casa APH80" des spanischen Architektenbüros Ábaton lässt sich einfach mit einem Tieflader und einem Kran umziehen. Weil die Außenwände aus relativ leichtem, wetterfestem Holzbeton hergestellt sind, kann das nur acht Tonnen schwere Haus auch auf innerstädtischen Dächern Platz finden.

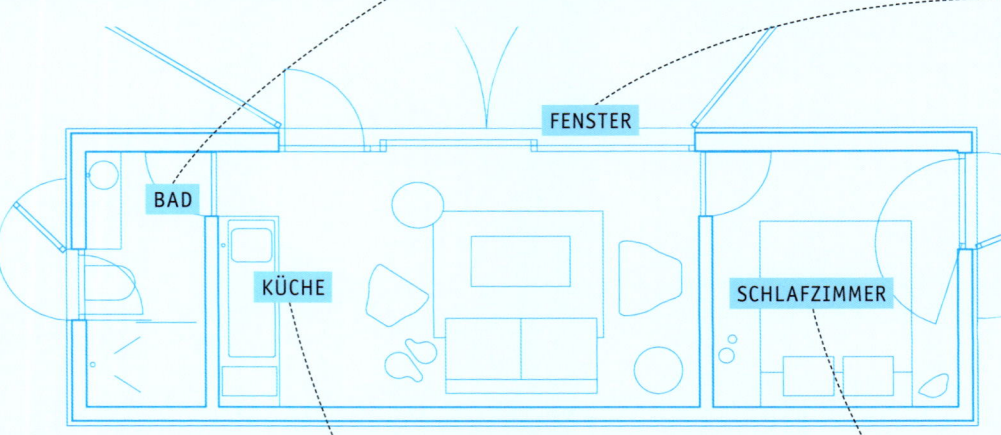

FENSTER · BAD · KÜCHE · SCHLAFZIMMER

> »MACHE DIE DINGE SO EINFACH WIE MÖGLICH, ABER NICHT EINFACHER.«
>
> ALBERT EINSTEIN

ARCHITEKT	Ábaton
IM VERTRIEB SEIT	2013
MATERIAL	Außen Holzbeton, innen Tanne
GEWICHT	8 Tonnen

Bad minimal: Waschtisch, WC und Dusche auf nur 4,5 Quadratmeter. Hinter den Holzpaneelen aus spanischer Tanne befinden sich 10 Zentimeter Dämmung und außen sichtbar die Holzbeton-Verkleidung.

Die raumhohen Fenster vergrößern den Wohnraum und können bei Abwesenheit mit zwei Klappläden sicher geschlossen werden.

Das Schlafzimmer ist knapp 9 Quadratmeter groß und die Wände aus Tanne bieten eine angenehme und warme Atmosphäre.

Der Baustoff Holz überzeugt auch im Innenausbau durch seine herausragenden bauphysikalischen Eigenschaften.

KREATIVITÄT & BÜRGERBETEILIGUNG

Winy Maas und sein Rotterdamer Architekturbüro MVRDV zählen zu den renommiertesten Architekten weltweit. Immer wieder gehen von ihnen wichtige Impulse für neue Denkweisen in Architektur und Städtebau aus. In Deutschland ist das Büro vor allem durch den niederländischen Pavillon auf der EXPO 2000 in Hannover bekannt geworden, bei dem sie verschiedene niederländische Landschaften als begrünte Ebenen in einem würfelförmigen Haus stapelten. 2008 gründete Maas an der Technischen Universität in Delft „The Why Factory", ein Forschungsinstitut, das sich mit der Zukunft der Stadt auseinandersetzt.

INTERVIEW

15
EINE FREIE STADT FÜR FREIE BÜRGER

Bauen (fast) ohne Regeln: das niederländische Stadtviertel Almere-Oosterwold

Das Marschland nahe Amsterdam, auf dem heute die holländische 200.000-Einwohner-Stadt Almere steht, gab es vor 50 Jahren noch nicht. Die Niederländer haben das Land dem Meer abgetrotzt. Ursprünglich sollte dieses neue Territorium der Landwirtschaft dienen, inzwischen steht hier jedoch die am schnellsten wachsende Stadt Europas. Und das nächste Stadtviertel Almere-Oosterwold ist bereits in Planung, diesmal mit einer für europäische Städte einmaligen Organisationsform: mit einer fast kompletten Befreiung der Bauherren von Bauvorschriften und Regeln. Einer der Ideengeber für dieses städtebauliche Experiment ist der Architekt und Stadtplaner Winy Maas.

Die Rolle von Regierung und Behörden bei der Planung von Almere-Oosterwold ist auf ein Minimum beschränkt. Was war das Motiv für ein derartiges Experiment?

Man kann heute ein Haus bauen, so wie man sich das wünscht. Aber eine Stadt zu bauen, wie Menschen sie sich erträumen, ist fast unmöglich. Dafür existieren zu viele Gesetze rund um das Bauen. In Oosterwold wollen wir die größtmögliche Freiheit beim Bau einer Stadt versuchen. Deswegen heißt das Projekt „Freeland": Die Einwohner bauen ihre Wunschstadt selbst. Die Voraussetzungen dafür sind gut. Wir haben hier eine Mittelstands-Gesellschaft mit guter Bildung und in Almere gibt es nur einen einzigen Eigentümer für den über 4000 Hektar großen Baugrund. Das vereinfacht die Organisation. Außerdem existiert eine große Nachfrage in der Region Amsterdam für unterschiedliche Arten von

Wohnraum: Wohnungen am Wasser, andere mit Garten oder auch für preiswerten Wohnraum in Mehrfamilienhäusern. Das wird Oosterwold abwechslungsreich machen und den Stadtteil sozial gut mischen. Er wird nicht abhängig sein von einzelnen Bevölkerungsschichten oder Wirtschaftsbranchen.

Wie muss man sich das in der Praxis vorstellen?
Es gibt keine Vorgaben, wie das Land aufgeteilt wird. Man kann einen Kreis kaufen oder ein langes, schmales Stück Land. Die Wurzeln von „Freeland" liegen in unserer individualisierten Gesellschaft. Jeder möchte sich zeigen. Das ist die Grundidee. Aber die Einzelnen müssen sich für viele Belange auch mit ihren Nachbarn abstimmen. Es entsteht damit etwas gemeinsames Neues, das die Bewohner miteinander gestalten. Wir wollen ein Viertel, in dem jeder machen kann, was er will – aber: Man darf seinen Nachbarn nicht beeinträchtigen. Das ist wie der Kategorische Imperativ bei Immanuel Kant: Du bist frei, aber nur soweit du niemanden schädigst. Die Freiheit bringt auch zusätzliche Aufgaben. Man muss alle seine Anschlüsse für Strom, Wasser und Abwasser selbst organisieren und mit den Nachbarn abstimmen.
Das geht ziemlich weit: Zum Beispiel hat jeder holländische Bürger das Recht darauf, einen Wasser- und einen Stromanschluss für seine Wohnung zu bekommen. Dies Gesetz ist in Oosterwold außer Kraft gesetzt. So müssen wirklich alle Menschen hier ihren Strom selbst erzeugen. Das ist ein weiterer Teil unseres Experiments.
Energiekonzerne bieten bereits heute nachhaltige Lösungen an, damit jeder seine eigene Wärme und seinen eigenen Strom selbst produzieren

Neues Denken mit Tradition
Im Jahr 2000 wurden MVRDV und Winy Maas weltweit bekannt, als sie für den niederländischen Pavillon auf der EXPO bäuerliche Landschaften zu einem Haus stapelten: Holland ist ja ziemlich dicht besiedelt.

Mögliche Evolutionen eines Wohnorts. Zwei Szenarien, wie sich die Stadtplaner die zeitliche Entwicklung des „ungeplanten Stadtteils" Oosterwold vorstellen können.

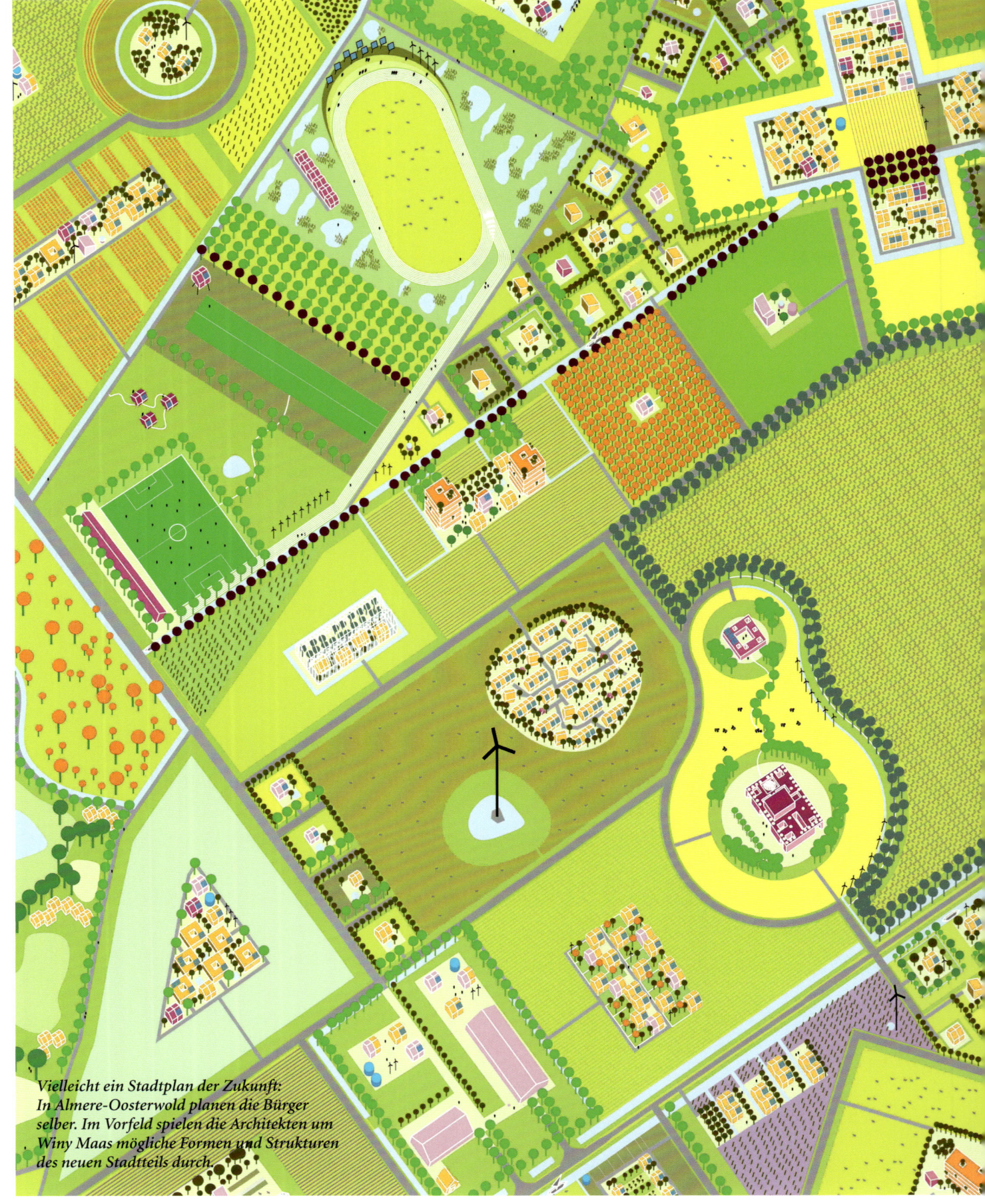

Vielleicht ein Stadtplan der Zukunft: In Almere-Oosterwold planen die Bürger selber. Im Vorfeld spielen die Architekten um Winy Maas mögliche Formen und Strukturen des neuen Stadtteils durch.

> »Wohnqualität im 21. Jahrhundert bedeutet, dass sich Bewohner mit ihren Quartieren identifizieren, sich hier wohl fühlen und bereit sind, die weitere Entwicklung von Stadtteil und Wohnquartier verantwortlich mitzugestalten.«
>
> Horst W. Opaschowski, Zukunftsforscher

kann. Das kann man allein tun oder – was viel ökonomischer ist – zusammen mit seinen Nachbarn. Ähnliche Ansätze gibt es auch für Wasser und Abwasser. Dadurch entsteht eine neue Form von Gemeinschaft im Viertel. Noch ein Beispiel: Eine Wärmepumpe, die mit der Erdwärme arbeitet, hat eine sichere Energie-Kapazität. Aber wenn die Bebauungsdichte größer wird, dann muss man auf die Abstände zwischen den Erdsonden achten, sonst pumpt ein Nachbar dem anderen die Wärme weg und die Effektivität der Pumpen leidet. Deswegen braucht man Mindestabstände. Eine andere Möglichkeit ist: Die Sonden entnehmen die Bodenwärme in unterschiedlichen Bohrtiefen, die einen in 60 Meter, die anderen in 80 Meter Tiefe. Wieder ein Grund für Zusammenarbeit.

Nach welchem Muster entstehen die Straßen in Oosterwold?

Wir beschränken die Selbstorganisation nicht auf Strom und Wasser. Sie gilt für die gesamte Infrastruktur. Innerhalb der ersten 5 Meter ab der Grundstücksgrenze muss man der Allgemeinheit ein Wegerecht einräumen. Wie diese Straßen und Wege aussehen, weiß jetzt noch niemand. Ob es eine Allee sein wird oder ein Fußweg, das entscheiden die Bewohner gemeinsam. Das wird wie ein „Echo" sein, ein Echo der Entscheidungen der Bewohner. Dieses Echo wird die Stadt gestalten.

Wird es wirklich keine Normen geben für Leitungsquerschnitte, Anschlüsse und Brandschutz?

Nein. Nur beim Brandschutz diskutieren wir gerade Mindestregeln. Die Absicht dahinter ist, die Verantwortlichkeit des Einzelnen zu fördern: Wenn jemand etwas Dummes macht, dann ist das seine Sache. So gilt das bei einem Einfamilienhaus. Bei Mehrfamilienhäusern muss es ein paar Regeln geben, da dort mehrere Menschen betroffen sind. Natürlich ginge solch ein Experiment nicht in einer dicht besiedelten Stadt. Aber hier beginnen wir auf leerem Grund.

Welchen Charakter wird das Stadtviertel haben, wenn es einmal fertiggestellt ist?

Im Moment wird das gesamte Land, auf dem Oosterwold entstehen soll, bäuerlich genutzt. Auch in Zukunft soll etwa die Hälfte des Gebiets für Landwirtschaft erhalten bleiben. Wir sind neugierig, wie dieses Agrarland zwischen den Häusern genutzt werden wird. Maximal 18 Prozent der Fläche werden bebaut. Die Dichte liegt dann bei etwa 20 Wohnungen pro Hektar. Das ist eher dörflich, aber es wird ein gemischtes, sehr komplexes und ziemlich grünes Dorf werden.

Mit welchen Gebäuden werden Sie beginnen?

Zuerst bauen wir verschiedene Prototypen: Einmal eine Villa mit großem Garten ringsherum. Parallel dazu errichtet eine Baugesellschaft eine Wohnanlage mit 200 Wohnungen, alle um die 60 Quadratmeter groß. Es gibt eine Wohngruppe und eine Gemeinschaft von älteren Menschen, die hier bauen möchten. Außerdem plant eine Gruppe von Bauern ein landwirtschaftliches Projekt.

Was fasziniert Sie selbst an dem Projekt Oosterwold?

Ich liebe Vielfalt: Je mehr Unterschiede es gibt, desto interessanter wird die Welt. In Oosterwold kann so etwas entstehen wie eine Crowd Creativity, eine gemeinschaftliche Kreativität. Ich weiß natürlich nicht, ob ein solcher Stadtteil seine Bewohner glücklicher macht, aber es gibt viele Menschen in Holland, die genau so etwas wollen: Eine freie Stadt für freie Bürger.

Im Hof oder am Waldrand: Mögliche Ansichten eines organisch gewachsenen Oosterwolds - vielleicht im Jahr 2025. Ohne einen Generalplan entwerfen die Bewohner einzeln, aber in Abstimmung mit ihren Nachbarn ihre Lieblingsarchitekturen und -landschaften.

BUGA 2023 in Mannheim: Gärtner ergänzen die schon vorhandenen zahlreichen Hecken im Stadtteil Benjamin-Franklin-Village mit neuen Formen zu einem richtigen „Heckenlabyrinth".

Sind Sie auch für deutsche Städte als Stadtplaner tätig?

In Mannheim sind wir eine Art Sparringpartner für die Stadtentwicklungsgesellschaft. Aber ein Konzept wie Freeland in Deutschland umzusetzen ist schwierig, weil in Deutschland nicht gern experimentiert wird. In Mannheim gibt es mehrere aufgelassene Gelände der US-Streitkräfte, die nun neu geplant und bebaut werden. Die ersten Fragen waren: Was wäre gut für die Stadt Mannheim? Was braucht die Stadt? Womit kann sie Profil gewinnen? Wir machen Workshops dort, Gespräche mit interessierten Bürgern, die sich beteiligen möchten, mit Wohnbaugesellschaften, Wohngruppen und Unternehmen. Es interessieren sich sehr viele Menschen dafür, bis hin zu den Betreibern großer Möbelhäuser. Das öffnet Möglichkeiten. Ich frage mich zum Beispiel: Könnte man nicht die Möbel in den alten Kasernen zeigen, oder könnte man um ein 60.000 Quadratmeter großes Möbelhaus einen Sportplatz herum bauen? Es wäre ein städtebaulicher Versuch, das Alte zu nutzen, um Neues zu gestalten.

Das Benjamin-Franklin-Village in Mannheim ist ein nicht unproblematischer Stadtteil, denn er ist sehr heterogen. Aber es gibt dort zum Beispiel viele Hecken. Dort könnte man für die Bundesgartenschau, die 2023 nach Mannheim kommt, eine Heckenstadt errichten, wie ein Labyrinth, mit allen Typologien von Hecken, Riesen-Hecken, Doppelhecken, Hecken mit Fenstern und so weiter. So etwas ist faszinierend für Besucher. Heute ist der Stadtteil auch schon ein Labyrinth, aber nicht so originell.

Arbeiten Sie auch an anderen Projekten für die Zukunft des Wohnens?

Ja, natürlich. Ich träume zum Beispiel von einem total flexiblen Haus. Ein sehr spannendes Projekt ist der Versuch, einen ganz neuen Baustoff zu entwickeln: Normalerweise ist Beton erst flüssig und erstarrt dann. Was würde passieren, wenn ich den Beton wieder verflüssigen könnte? Dann wäre es möglich, Wände immer und immer wieder zu verändern. Ich könnte gegen die Wand drücken und dann entsteht da eine Nische. Oder wenn ich daran ziehe, bekomme ich ein Becken. Oder wenn ich in der Wand über dem Becken eine Röhre formen würde und ließe Wasser durchlaufen, dann hätte ich ein Waschbecken. Und wollte ich diese Vorgänge rückgängig machen, dann könnte das Becken auch wieder verschwinden. Oder man gibt ein anderes Kommando

MERKZETTEL

1.
Open your mind!

2.
Nichts ist unmöglich.

3.
Wir sind es, die die Zukunft gestalten.

und eine andere Röhre im Beton liefert Licht. Vielleicht kann ein Teil des Betons Wärme erzeugen, um damit zu heizen; bei größerer Wärme auf einem horizontalen Abschnitt des Betons könnte dieser als Kochfeld dienen.

Das Haus ließe sich jeweils so verändern, wie die Figuren aus der alten Zeichentrickserie *Barbapapa* ihre Körper verwandeln konnten.

Wie kann man sich das in technischer Hinsicht vorstellen?

Manche Möbelhäuser bieten Kinderbetreuung an und dort gibt es oft ein großes Bälle-Bad. Wenn ich mein Kind in ein solches Bad von Bällen werfen würde, dann würde es sich nicht weh tun, weil alle Bälle nur ein Stückchen zur Seite weichen. Jeder Ball nur ein bisschen. Das könnte auch bei so einem „Barbapapa-Beton" passieren. Wenn all die Teile, aus denen dieser Stoff besteht, sich jeweils nur ein kleines Stückchen bewegen, dann kann man daraus viele Formen erzeugen. Der Raum kann sich ändern. Ein Haus könnte schrumpfen, wenn niemand zu Hause ist, und wachsen, wenn Besuch kommt. Wir untersuchen solche Konzepte gerade mit dem niederländischen Chemieunternehmen Akzo Nobel. Das ist natürlich nicht der klassische Beton, sondern wir nennen es „Smart Sand" – programmierbaren Sand. Das Prinzip basiert auf elektrostatischer Aufladung.

Die ETH in Zürich arbeitet daran, wir tun es, auch das MIT in Boston. In ein paar Jahren werden wir den ersten Prototypen eines solchen Hauses sehen.

„Hagen Island"
Diese Vorstadt von Den Haag ist anders: Vielfalt und Individualität standen beim Entwurf der 119 preiswerten Reihenhäuser 2001 für die Architekten von MVRDV im Mittelpunkt.

PROJEKT 15 | DIDDEN VILLAGE ROTTERDAM

Die drei blauen Giebel oben auf einem im Zweiten Weltkrieg nicht zerstörten Altbau Rotterdams provozieren. Weil sie wie ein kleines Dorf wirken, bekam der Dachausbau mit einem Schlafhaus für die Eltern und einem Doppelhaus für die Kinder den Spitznamen „Didden Village", nach dem Familiennamen der Bewohner. Für Winy Maas ist die leichte Holzkonstruktion ein Prototyp, wie eine Stadt neuen Wohnraum gewinnen kann.

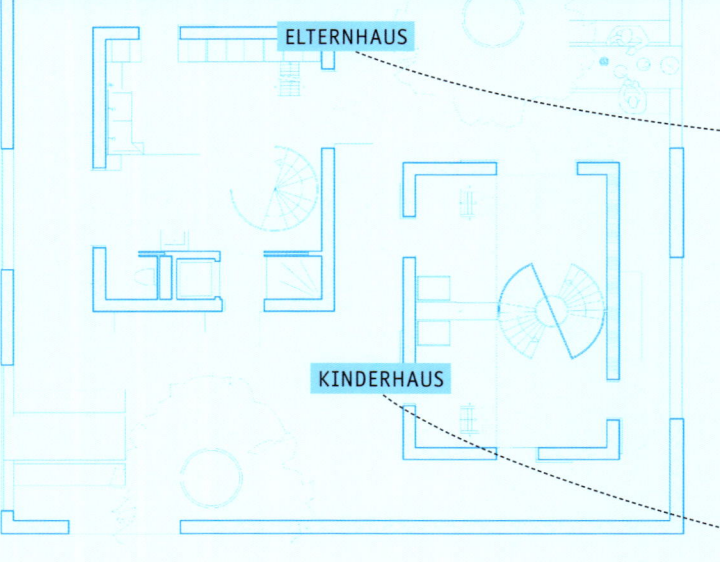

ELTERNHAUS

KINDERHAUS

»MANCHMAL HAT DER HIMMEL DAS GLEICHE BLAU WIE DAS HAUS. DANN HAT MAN DIE ILLUSION, DASS UNSER HAUS VERSCHWINDET.«

GIES VAN DE KAMP, BEWOHNER

ARCHITEKT
MVRDV

FERTIGSTELLUNG
2007

STANDORT
Rotterdam

SONSTIGES
Vorgefertigte
Holztafelbauweise,
beschichtet

Zwischen den drei Häusern entstanden Plätze und Wege auf der Dachterrasse. Überzogen ist alles mit einem Spritzcoating und einer blauen Polyurethan-Schicht – wasserdicht und scheuerbeständig.

Manchmal nehmen sogar die Erwachsenen die Abkürzung durchs Fenster zwischen den beiden Kinderhäusern.

Das Elternhaus von innen: der warme Holzton als maximaler Kontrast zur blauen Außenwelt.

In der Erschließung sind die beiden Kinderhäuser unabhängig, dank einer doppelläufigen Wendeltreppe.

183

LITERATURHINWEISE

BAUEN FÜR DIE ZUKUNFT

Literaturempfehlungen und weiterführende Links

Naturgemäß sind zukünftige Entwicklungen nicht immer schon absehbar. Deswegen ist die folgende Literaturliste um Links zu Webseiten ergänzt, die aktuelle Informationen zum Thema enthalten.

Allgemeines zum Thema Bauen für die Zukunft

future green, Johanna Agerman Ross u.a., Hamburg 2013
Ein spannendes Kompendium zu Architektur und Design für eine bessere Zukunft, das viele Bauten und Designs vorstellt, die auf ganz unterschiedliche Weise versuchen, zukünftigen Ansprüchen gerecht zu werden.

Wohnkonzepte für die Zukunft, Paco Asensio, München 2003
Nicht mehr ganz neu, trotzdem: Das Buch zeigt zahlreiche interessante Einfamilienhäuser und noch ungebaute Projekte. Inspirierend.

Morgenstadt, Hans-Jörg Bullinger u.a., München 2012
Viele unterschiedliche Aufsätze zu Trends für das Leben in den Citys von morgen aus der Sicht des ehemaligen Präsidenten der Fraunhofer Gesellschaft, der größten Organisation Europas für angewandte Forschung.

The New Modern House, Jonathan Bell u.a., London 2010
Zahlreiche Beispiele für neue Konzepte und Formen des Bauens von Einfamilienhäusern aus verschiedenen Ländern und an unterschiedlichen Standorten, wie auf dem Land, in Vorstädten und in Citys. In Englisch.

100 Contemporary Green Buildings, Philip Jodidio, Köln 2013
Inspirierende Beispiele internationaler Bauten aller Größenordnungen.

Eco-Houses, Barbara Linz, Königswinter 2009
Zahlreiche Projekt-Beispiele für ökologisches Bauen.

www.baunetzwissen.de/
Vielfältiges Portal mit Informationen rund ums Bauen.

www.haus.de
Bau-Ideen, Modernisieren, Sanieren, Einrichten und viele Tipps zum Selbermachen.

1 Der ökologische Fußabdruck des Bauens

Frei Otto – Das Gesamtwerk, Leicht bauen, natürlich gestalten,
Winfried Nerdinger (Hrsg.), Basel Boston Berlin 2005
Das gesamte Werk Frei Ottos im Überblick als Katalog zur Ausstellung im Architekturmuseum der TU München von 2005 anlässlich seines 80. Geburtstags.

➜ **www.freiotto.com**
Website über die Arbeiten Frei Ottos.

➜ **www.freiotto-architekturmuseum.de**
Website des Münchner Architekturmuseums, das 2005 eine Ausstellung über Frei Otto gezeigt hatte.

2 Klimagerecht bauen

Creative Engineering, Architecture and Technology,
Ralph E. Hammann, Berlin 2013
Ein Überblick über Technologien und Konzepte des Bauens für die Zukunft, allerdings fast ausschließlich gezeigt an größeren Gebäuden. In Englisch.

Klimagerecht Bauen, Ein Handbuch, Gerhard Hausladen, Petra Liedl, Mike de Saldanha, Basel 2012
Die Autoren untersuchen klimatische Bedingungen im Hinblick auf zukünftige Bauweisen exemplarisch für Städte aus verschiedenen Klimazonen.

➜ **www.iwu.de/forschung/wohnen/**
Das Institut „Wohnen und Umwelt" stellt hier Informationen zu Energie und Klimaschutz, zum Wohnungsmarkt und zur Wohnungsbaupolitik zur Verfügung.

➜ **www.transsolar.com**
Website der Firma Transsolar, einem ambitionierten Ingenieurbüro für klimagerechtes Bauen.

➜ **www.unendlich-viel-energie.de**
Website der Agentur für Erneuerbare Energien mit Hintergrundinformationen und Tipps.

3 Energie

Aktivhaus, Manfred Hegger u.a., München 2013
Ein Grundlagenwerk zum Thema Energie und Bauen für die Zukunft.

➤ **www.aktivhausplus.de**
Homepage des Vereins „aktivplus e.V."

➤ **www.velux.de/privatkunden/wohnqualitaet_energieeffizienz_nachhaltigkeit**
Die Website von VELUX Deutschland GmbH zum Thema LichtAktiv Haus, mit Blog der Bewohner eines Hamburger LichtAktiv-Hauses.

➤ **www.dena.de**
Website der Deutschen Energie-Agentur (dena), Kompetenzzentrum für Energieeffizienz, erneuerbare Energien und intelligente Energiesysteme.

4 Baustoff Holz

Die besten Einfamilienhäuser aus Holz, Wolfgang Bachmann u.a., München 2013
Das Buch stellt 30 beispielhafte Häuser im Detail vor.

Das Holzhaus der Zukunft, Markus Mosimann u.a., Zürich 2012
Ein fast schon philosophisches Buch über den Baustoff Holz mit attraktiven Beispielbauten.

➤ **www.tesenergyfacade.com**
Website des Fachgebiets Holzbau der TU München zu einem internationalen Forschungsprojekt, das sich mit der energetischen Sanierung durch modulare Fassadenelemente aus Holz befasst. In Englisch.

5 Materialien

Intelligente Verschwendung, Michael Braungart und William Mc Donough., München 2013
Nicht schädliche Materialien sollen wir im Alltag verwenden, sondern solche, die das Leben auf unserem Planeten verbessern. Das Buch eines Chemikers und eines Architekten ist ein Plädoyer für gesundes Wohnen und einen besseren Lebensstil.

The New Modern House, Jonathan Bell u.a., London 2010
Beispiele von 50 Wohnhäusern, die modernes Bauen auf ganz eigene Weise interpretieren. In Englisch.

Smart Surfaces and their Application in Architecture and Design
Thorsten Klooster, Basel Boston Berlin 2009
Einblick in innovative Oberflächentechnologien und die Welt der Materialforscher. In Englisch.

◆ **www.fosterandpartners.com**
Website des weltberühmten Architekturbüros Foster + Partners mit vielen unterschiedlichen und anregenden Projektbeispielen

6 Planen in 3D

◆ **www.iao.fraunhofer.de/lang-de/component/content/article.html?id=266&lang=de**
Website des Competence Centers „Virtual Environments" am Fraunhofer Institut.

7 Infrastruktur

CONNECTED HOME und **www.connected-home.de**
Zeitschrift und Website mit einem Überblick über aktuelle Entwicklungen zum Thema „Hausautomation" und mit zahlreichen Tests.

8 Fertighäuser

Das Energiesparhaus, Reinhard Huschke, München 2013
Kompaktes Buch mit vielen Informationen für ein zukunftsfähiges Fertighaus.

◆ **www.fertigbau.de**
Website des Bundesverbands Deutscher Fertigbau e.V. mit ausführlichem Ratgeberteil.

9 Wohnräume der Zukunft

◆ **www.design-museum.de**
Website der Vitra Design Stiftung gGmbH zum Vitra Design Museum.

◆ **konstantin-grcic.com**
Website des Designers Konstantin Grcic.

10 Licht

Handbuch für Lichtgestaltung, Christian Bartenbach u.a., Wien New York 2009
Grundlagen der Lichttechnik und der Wahrnehmungspsychologie.

◆ **www.bartenbach.com**
Website der Firma Bartenbach mit zahlreichen Informationen zum Thema „Lichtgestaltung" und mit Download interessanter Broschüren zum Thema.

11 Grüne Wände – gutes Klima

Gebäude Begrünung Energie – Potenziale und Wechselwirkungen
Sehr ausführlicher und systematischer Abschlussbericht von Nicole Pfoser und Kollegen. Kostenloser Download unter:
www.irbnet.de/daten/baufo/20128035673/Abschlussbericht_F_2881.pdf

Handbuch Bauwerksbegrünung, Manfred Köhler (Hrsg.), Köln 2012
In seinem Fachbuch fassen der Herausgeber und seine Mitautoren Wesentliches zum Thema kompakt zusammen.

➧ **www.nabu.de/aktionenundprojekte/stadtklimawandel/**
Website des Naturschutzbunds Deutschlands mit Informationen zu Förderprogrammen von Städten und Gemeinden und zu möglichen Nachlässen auf Abwassergebühren.

➧ **ww.biotope-city.net**
Website mit vielen attraktiven Beispielen für Begrünungen.

12 Mobilität und Wohnen

Baukultur Verkehr, Michael Braum u.a. (Hrsg.), Zürich 2013
Eine Aufsatzsammlung der Bundesstiftung Baukultur über neue Ideen zu Mobilität, Wohnen und Leben.

Nullenergiegebäude: Klimaneutrales Wohnen und Arbeiten im internationalen Vergleich, Karsten Voss, Eike Musall, München 2011
Viele Projektbeschreibungen mit zahlreichen technischen Details.
Für Leser, die tiefer einsteigen möchten.

Fahrtenbuch des Wahnsinns – Unterwegs in der Pendlerrepublik,
Claas Tatje, München 2014

➧ **www.zukunft-mobilitaet.net**
Faktenreicher Blog über die Veränderungen unserer mobilen Gesellschaft.

13 Neue Formen des Wohnens

Netzwerk Wohnen, Annette Becker u.a., München 2013
Ein umfassender Überblick über gemeinschaftliches Wohnen und Wohnen im Alter mit zahlreichen Beispielen für Mehrgenerationenhäuser.

Raus aus der Nische – rein in den Markt, Schader-Stiftung,
Stiftung trias (Hrsg.), Darmstadt, 2008

MAX-B - Ein außergewöhnliches Wohnbauprojekt in Hamburg,
Ingrid Lempp u.a. (Hrsg.), Hamburg 2010

Baugemeinschaften im Südwesten Deutschlands, Gerd Kuhn u.a., Stuttgart 2010

Altersgerecht umbauen, Peter Burk, Stiftung Warentest 2009

14 Klein, flexibel und auf Zeit

Homes on the Move, Donato Nappo u.a., Königswinter 2010
Das Buch stellt zahlreiche Beispiele für mobile und kompakte bis ultrakompakte Bauten aus der Vergangenheit und Gegenwart vor.

Small, Philip Jodidio, Köln 2014
Der international bekannte Architektur-Autor gibt einen facettenreichen Überblick über mehr als 50 originelle Beispiele für kleine und preiswerte Häuser.

15 Kreativität

MVRDV Buildings, Ilka und Andreas Ruby, Rotterdam 2013
Das Buch gibt einen Überblick über die Bauten des Rotterdamer Architekturstudios MVRDV von Winy Maas, Nathalie de Vries und Jacob van Rijs. Eine anregende Lektüre für Liebhaber neuen Bauens und eine Quelle für ungewöhnliche Gebäude.

➔ **www.mvrdv.nl**
Die englische Website des Rotterdamer Architekturstudios MVRDV ist einen Besuch wert.

➔ **www.thewhyfactory.com**
Die ebenfalls englischsprachige Homepage der Denkfabrik fürs Bauen (Bild) von Winy Maas und der TU Delft: ein Fernglas für die Zukunft des Bauens.

BILDNACHWEIS

Die Vorlagen wurden freundlicherweise von den jeweiligen Projektbeteiligten zur Verfügung gestellt bzw. stammen von:

S. 2 Björn Matt; **S. 4** m. Rob't Hart; **S. 4** r. Juan Baraja; **S. 5** l. Peter Würmli, Zürich, Camenzind Evolution; **S. 5** r. M&H Photostudio/Gira; **S. 6** Hertha Hurnaus; **S. 9**, **S. 10** Archiv: Das Haus; **S. 13** o.l. Archiv: Das Haus; **S. 13** o.r. Passivhaus Institut; **S. 13** m.l. Archiv: Das Haus; **S. 13** u.r. Axel Griesch; **S. 14**, **S. 17** Åke E:son Lindman, Stockholm; **S. 18** 1.v.o. Prof. Berthold Burkhardt, Braunschweig/TU München, Architekturmuseum, Pinakothek der Moderne, München; **S. 18** 2.v.o. Transsolar; **S. 18** 3.v.o. gerd aumeier; **S. 18** 4.v.o. Axel Griesch; **S. 18** 5.v.o. Rudi Meisel, Berlin; **S. 19** 1.v.o. Bernd Müller © Fraunhofer IAO; **S. 19** 2.v.o. Matthias Heyde; **S. 19** 3.v.o. Jürgen Lippert; **S. 19** 4.v.o. Markus Jans; **S. 19** 5.v.o. Bartenbach GmbH; **S. 20** 1.v.o. Thomas Ott; **S. 20** 2.v.o. Annette Koroll; **S. 20** 3.v.o. Thomas Ott; **S. 20** 4.v.o. Gianni Berengo Gardin – © Renzo Piano Building Workshop; **S. 21** u. Eibe Sönnecken, Darmstadt; **S. 22** o. Prof. Berthold Burkhardt, Braunschweig/TU München, Architekturmuseum, Pinakothek der Moderne, München; **S. 22** u. picture alliance/ZB/euroluftbild; **S. 23**, **S. 24** Karlsruhe/TU München, Architekturmuseum, Pinakothek der Moderne, München; **S. 25** Werner Huthmacher Photography, Berlin; **S. 26** o. THOMAS HERZOG ARCHITEKTEN, Prof. Thomas Herzog; **S. 26** m. Richard Schenkirz; **S. 26** u. THOMAS HERZOG ARCHITEKTEN, Prof. Thomas Herzog; **S. 27** Richard Schenkirz; **S. 30** Transsolar; **S. 31** Sabine Skrobek; **S. 32** o.l. Kalle Koponen; **S. 32** u., **S. 33** Masdar City, Abu Dhabi (UAE); **S. 35** o. Laurence Delderfield, Doetinchem; **S. 35** m. Transsolar Energietechnik GmbH, Stuttgart; **S. 35** u. Thomas Mayer, Neuss; **S. 36** Fachstelle der 2000-Watt-Gesellschaft, www.2000watt.ch; **S. 37** Steven Holl; **S. 38**, **S. 39** Team Rooftop; **S. 40** gerd aumeier; **S. 41** TU Darmstadt, FG ee. nach: Institut für Energiewirtschaft und Rationelle Energieanwendung (IFR); Universität Stuttgart; Bundesverband

Solarwirtschaft; U. S. Solar Photovoltaic Manufacturing: Industry Trends, Global Competition, Federal Support; **S. 42** TU Darmstadt, FG ee. ina Planungsgesellschaft mbH; **S. 43** Thomas Ott Fotografie, Mühltal; **S. 43** m. TU Darmstadt; **S. 44** o., m.r. HHS Planer – Architekten AG, Kassel; **S. 44** u. Steinbeis Transfer Zentrum ES Stuttgart; TU Darmstadt, FG ee; **S. 45** ina Planungsgesellschaft mbH; **S. 46** Hegger, Manfred u.a.: Energie AtlaS. Nachhaltige Architektur. Detail 2007. nach: Stark, ThomaS. Wirtschaftsministerium Baden-Württemberg (Hrsg.): Architektonische Integration von Photovoltaik-Anlagen. Stuttgart, 2005; **S. 47** HHS Planer + Architekten AG, Kassel; **S. 48** o.l. IBA Hamburg GmbH/Bernadette Grimmenstein; **S. 48** o.r. IBA Hamburg GmbH/Bernadette Grimmenstein; **S. 48** u. IBA Hamburg GmbH/bloomimages; **S. 49** Patrick Pick/TU Darmstadt; **S. 50** o. velux; **S. 50** u. velux/Adam mork; **S. 51** o.l. velux; **S. 51** m., u. velux/Adam mork; **S. 52** Axel Griesch; **S. 54** mauritius images/Alamy; **S. 55** o.l. SCHANKULA Architekten, München; **S. 55** o.m. Huber & Sohn GmbH & Co. KG, Bachmehring; **S. 55** o.r., m. Didier Boy de La Tour, Paris und Tamedia, Zürich; **S. 55** u. Timber Tower GmbH, Hannover; **S. 57** o. Eckhart Matthäus Fotografie, Wertingen; **S. 57** m.l. lattkearchitekten; **S. 57** m.r., u. Eckhart Matthäus Fotografie, Wertingen; **S. 58, S. 59** Nikkol Rot for Holcim; **S. 61** Dieter Leistner, Würzburg; **S. 62, S. 63** Björn Matt; **S. 64** o., u. ESA/Foster + Partners; **S. 65** David de Jong; **S. 67** o. Nigel Young/Foster + Partners; **S. 67** u.l. www.contourcrafting.org; **S. 67** u.r. Foster + Partners; **S. 68** o.r. Rudi Meisel, Berlin; **S. 68** o.l., u.l. Nigel Young/Foster + Partners; **S. 68** u.r. Nigel Young/Foster + Partners; **S. 70** o. BASF; **S. 70** m. Daniele Manduzio/Mirjam Fruscella Axor/Hansgrohe SE; **S. 70** u. Manuela Lingnau; **S. 71** o.l. Dirk E. Hebel, Chair of Architecture and Construction, ETH Zürich; **S. 71** o.r. Fermacell GmbH; **S. 71** m. Christian Hacker; **S. 71** u. Joris Laarman Lab; **S. 72, S. 73** Colt International, Arup, SSC GmbH; **S. 76** Bernd Müller © Fraunhofer IAO; **S. 79** Christian Richters © Fraunhofer IAO, UNStudio ASPLAN; **S. 80** o.l. Inter IKEA Systems B.V. 2014; **S. 80** o.r. Inter IKEA Systems B.V. 2014; **S. 81** o.l. Bernd Müller © Fraunhofer IAO; **S. 81** o.r., m. Lichtenegger Interior GmbH, St. Stefan (A); **S. 81** u. © Fraunhofer IAO; **S. 82, S. 83** AI.STUDIO Architekten, Magdeburg. Virtual Development and Training Centre VDTC, Magdeburg; **S. 84** Annette Koroll; **S. 85** Tarek El Sombati, Getty Images; **S. 86** Fraunhofer IISB; **S. 87** ATLAN Jean-Louis, Getty Images; **S. 89** VOLTARIS GmbH; **S. 91** o.r. Gira; **S. 91** m. VSWG: Alter leben – die „Mitalternde Wohnung"; **S. 91** u. Gira; **S. 92** o. monovolume; **S. 92** m. M&H Photostudio/Gira; **S. 92** u. monovolume; **S. 93** M&H Photostudio/Gira; **S. 94** Schwörer Haus KG/Jürgen Lippert; **S. 96** BDF/Fingerhaus; **S. 97** Bundesverband Deutscher Fertigbau e.V. (BDF), Bad Honnef; **S. 98** o. Jürgen Lohmann; **S. 98** u. forsa-Umfrage „DFH-Trendbarometer 2012"; **S. 99** Schwörer Haus KG, Jürgen Lippert; **S. 100** o. Sabine Gudath; **S. 100** u. Schwörer Haus KG, Jürgen Lippert; **S. 102, S. 103** Werner Sobek Group GmbH, Stuttgart; **S. 106** Markus Jans; **S. 107** Vitra Design Museum, Mark Niedermann; **S. 108** Panton Design, Base; **S. 109** o. Vitra Design Museum, Mark Niedermann; **S. 109** u. Vitra Design Museum, Florian Böhm; **S. 109** u. Vitra Design Museum, Mark Niedermann; **S. 110** o. James Harris; **S. 110** u. Vitra Design Museum, Mark Niedermann; **S. 111** o. Foster + Partners; **S. 111** u. KGID, Florian Böhm; **S. 112** o. KGID, ClassiCon; **S. 112** m. KGID, BD Barcelona Design; **S. 112** u.l. KGID, Florian Böhm; **S. 112** u.r. Nils Holger Moormann GmbH; **S. 113** KGID; **S. 114, S. 115** Peter Würmli, Zürich, Camenzind Evolution; **S. 116** Bartenbach GmbH; **S. 118** bso Verband Büro-, Sitz- und Objektmöbel e.V., Wiesbaden, Bartenbach GmbH; **S. 119–123** Bartenbach GmbH; **S. 124** bso Verband Büro-, Sitz- und Objektmöbel e.V., Wiesbaden, Bartenbach GmbH; **S. 125** Bartenbach GmbH; **S. 126** o. Volker Dienst, Inprogress Architektur, Wien/Christoph Feldbacher, hesophtloft, Wien; **S. 126** u. Jörg Seiler; **S. 127** o. Inprogress Architektur Consulting, Wien; **S. 127** m. Jörg Seiler; **S. 127** u. Inprogress Architektur Consulting, Wien; **S. 128** Thomas Ott; **S. 130** Nicole Pfoser; **S. 131** o.l. picture-alliance/akg-images; **S. 131** o.r. Michel DENANCE; **S. 131** u. Michael Bender; **S. 132** Daniele Zacchi Renders: Boeri Studio (Boeri, Barreca,Lavarra) Zacchi; **S. 133** o.l. Manfred Köhler, HS Neubrandenburg; **S. 133** o.r. Marco Schmidt, TU Berlin; **S. 134, S. 135** Patrick Blanc; **S. 136** o. Patrick Nadeau, Paris; **S. 136** m. Hervé Ternisien; **S. 136** u. Patrick Nadeau, Paris; **S. 137** Hervé Ternisien; **S. 140** Annette Koroll; **S. 142** Bundesverband CarSharing e.V. (bcs); **S. 143** o. DriveNow; **S. 143** m. René Paritschkow, teilAuto; **S. 143** u. DB Rent GmbH StadtRAD Hamburg; **S. 144** A.T. Kearney; **S. 145** o. Foster + Partners; **S. 145** u. Google Deutschland; **S. 146/147** ipv Delft; **S. 148** o. Phillip Maiwald; **S. 148** u. Daimler; **S. 149** privat; **S. 150, S. 151** EIGHT GmbH & Co. KG, Süßen; **S. 152** Thomas Ott; **S. 154** Philipp Naderer, Wien; **S. 155** o. privat; **S. 155** u. bogevischs buero, München; **S. 156** o. Hertha Hurnaus, Wien; **S. 156** m. einszueins architektur, Wien; **S. 156** u. Hertha Hurnaus, Wien; **S. 158/159** Hermann Wittekopf, München; **S. 160** o. Bogevischs Büro; **S. 160** u., **S. 161** o., m., u.l. Julia Knop, Hamburg; **S. 161** u.r. jens masmann fotografie, München; **S. 162** o.l. Renzo Piano and RPBW, Foto: Julien Lanoo © Vitra (www.vitra.com); **S. 162** o.r. akg images; **S. 162** m.l. Florian Berger; **S. 162** m.r. CC BY-SA 3.0 DE Max Thulé; **S. 162** u. nARCHITECTS, New York; Mir.no.; **S. 164** o. Gianni Berengo Gardin – © Renzo Piano Building Workshop; **S. 164** u. Diogene, Architecture: Renzo Piano and RPBW; **S. 165** Renzo Piano and RPBW, Foto: Julien Lanoo © Vitra (www.vitra.com); S. 166 o.l. akg-images; **S. 166** o.r. dpa-Report; **S. 166** u. dpa; **S. 167** n ARCHITECTS, New York; Mir.no.; **S. 168** Florian Berger; **S. 169** CC BY-SA 3.0 DE Max Thulé; **S. 170** o. ÁBATON, Madrid; **S. 170, S. 171** Juan Baraja; **S. 172** Allard van der Hoek; **S. 174** Hans Werlemann; **S. 175, S. 176/177, S. 179, S. 180** MVRDV; **S. 182–183, S. 189** Rob't Hart